普通高等教育机械类国家级特色专业系列规划教材

机械原理实验教程

主　编　郭卫东

副主编　于靖军　李晓利
　　　　张云文　刘冠阳

科学出版社

北　京

内 容 简 介

本书是在调研国内外大学有关机械原理实验教学现状的基础上，为满足课程改革与建设的需要，结合编者多年的机械原理实验教学改革与实践经验编写而成的。其特点是按照层次、类型来构建实验体系，注重理论与实践相结合、先进技术与经典理论相结合，在巩固理论知识的同时，培养创新设计能力和动手实践能力，以及应用先进技术分析问题的能力。

全书分为7章，包括绪论、机构的认知与表达、机构运动参数测定与分析、机构的设计、机械系统动力学、机构的虚拟样机设计与仿真分析和机构的设计与物理样机制作。

本书可作为高等学校机械类各专业的教学用书，也可供机械工程领域的工程技术人员参考。

图书在版编目(CIP)数据

机械原理实验教程 / 郭卫东主编. —北京：科学出版社，2014.1
普通高等教育机械类国家级特色专业系列规划教材
ISBN 978-7-03-039485-9

Ⅰ. ①机… Ⅱ. ①郭… Ⅲ. ①机构学－实验－高等学校－教材
Ⅳ. ①TH111-33

中国版本图书馆CIP数据核字(2013)第314867号

责任编辑：毛 莹 张丽花 / 责任校对：鲁 素
责任印制：徐晓晨 / 封面设计：迷底书装

科学出版社出版
北京东黄城根北街16号
邮政编码：100717
http://www.sciencep.com

北京虎彩文化传播有限公司印刷

科学出版社发行 各地新华书店经销

*

2014年1月第 一 版 开本：787×1092 1/16
2020年1月第三次印刷 印张：8
字数：198 000

定价：32.00 元

(如有印装质量问题，我社负责调换)

前　　言

本书是依据教育部高等学校机械基础课程教学指导分委员会编写的《高等学校机械基础系列课程现状调查分析报告暨机械基础系列课程教学基本要求》，在作者多年的机械原理实验教学改革与实践的基础上，结合课程改革与建设的需要编写而成的。

实验教学是机械原理课程教学中一个十分重要的环节，也是与课堂教学和工程设计密切相关的一个重要环节。实验教学在教学过程中能够充分调动学生的积极性，引导学生由被动学习走向主动学习，对于培养动手能力、启发学生思维和创造力、提高实验技能和科学实验素质、锻炼分析问题和解决问题的能力，以及培养创新精神和创新能力具有重要的意义。

本书内容与课堂教学内容紧密结合，既是对课堂教学内容的有益补充，又是对课堂教学内容的进一步拓展。力图体现：

1．按层次设计实验体系。新体系框架力争既具有认知性和验证性特征的基础性和普及性实验项目，又有可体现创新设计思维及方法的设计实验项目，还有强调自主创新设计能力和动手实践能力的创新设计与制作实验项目。

2．以机构设计为主导。体现以设计为主线、分析为设计服务的理念，注重机构设计在实验教学中的充分体现，加强了机构运动设计和动力设计。

3．先进技术与经典理论相结合。将虚拟样机技术引入到实验教学环节，以 ADAMS 为虚拟样机设计与仿真的平台，对机构设计的设计结果进行快速有效的验证，充分展示机构的运动和动力特性，达到在巩固理论知识的同时了解和掌握先进技术的目的。

本书内容由 15 个实验构成，从最基础的机构认知和表达入手，到机构的运动参数测定，再到机构的运动设计和动力设计，直到最后的机构或机械系统设计与样机（虚拟样机和物理样机）制作与仿真，力争既涵盖机械原理课程的主要实验内容，又体现完整的实验体系架构和先进技术的应用。

参加本书编写的人员有：于靖军（第 1 章），张云文（第 2 章），刘冠阳（第 3 章），郭卫东（第 4～6 章），李晓利（第 7 章）。本书由郭卫东任主编，负责全书的统稿、修改和定稿工作。

本书是在科学出版社毛莹编辑的策划和组织下编写完成的，在此深表谢意，同时对为本书做出贡献的其他教师和人员一并表示感谢。在本书编写过程中参考了一些同类教材和著作，在此也对这些教材和著作的作者们表示诚挚的谢意。

由于编者水平有限，书中欠妥之处在所难免，诚望读者批评指正。

编　者

2013 年 9 月

目　　录

第 1 章　绪　论

本章主要介绍机械原理实验的目的和地位、机械原理实验教学的体系和分类，以及实验的内容和要求。使读者对机械原理实验的目的、体系和主要内容等方面有初步的了解，为进行具体的机械原理实验操作打好基础。

1.1　机械原理实验教学的目的和地位

2012 年 6 月教育部发布的《国家教育事业发展第十二个五年规划》(以下简称《规划》)指出：当今世界的大发展大调整大变革时期和科技创新的新突破，迎接日益加剧的全球人才、科技和教育竞争，迫切需要全面提高教育质量，加快拔尖创新人才的培养，提高高等学校的自主创新能力，推动“中国制造”向“中国创造”转变。《规划》进一步强调要“加强图书馆、实验室、实践教学基地、工程实训中心、计算中心和课程教材等基本建设”，并明确提出“加强动手实践教学，增加学生参加生产劳动、社会实践和创新活动的机会”。从中可以看出，国家将动手实践教学和培养学生的创新能力提到了一个新的高度上。

创新型国家建设依赖创新型人才，创新型人才培养又取决于创新教育，特别是高校创新教育。培养具有创新精神和创新能力的人才，应该是高等教育的首要任务。在创新能力培养的过程中，实践教学起着无法替代的作用。实践是认知之本，是获取切身体验的重要途径；实践也是创新之根，是培养创新精神和创新能力的必由之路。而课程的实验教学是实践教学的重要组成部分，实验教学的成功与否，关系到学生创新能力培养的成与败。

1.1.1　机械原理实验教学的目的

机械原理是工程训练和工程思维训练的最理想课程之一。从教学内容来看，机械原理相对后续课程有较强的理论性；另一方面，机械原理又有许多设计尤其是创新设计方面的内容，与工程实际有比较密切的联系，是工程类大学生接触工程设计问题的“敲门砖”。

实验教学是机械原理教学中一个十分重要的环节，也和工程设计问题密切相连。尤其是创新性实验在教学过程中能够充分调动学生的积极性，引导学生由被动学习走向主动学习，培养动手能力，启发学生的思维和创造力，提高实验技能和科学实验素质，锻炼分析问题和解决问题的能力，进而达到创新精神和创新能力培养的目的。

1.1.2　机械原理实验教学的地位

机械原理课程是机械设计系列课程的核心组成部分，对加强学生的机械产品的运动设计能力、动力设计能力和创新能力的培养至关重要。而实践教学是机械原理课程的重要组成部分，它对于深入掌握机械原理课程理论知识、提高学生的动手实践能力具有重要的作用。因此机械原理实验教学不仅在机械原理课程的教学中占有重要的地位，在机械设计系列课程中也占有重要的地位。

1.2　机械原理实验教学的体系和分类

1.2.1　机械原理实验教学的体系

机械原理实验教学不仅要符合教学目标和教学体系内容的要求，同时要切合学生的特点。一方面将认知性实验、验证性实验、综合性设计实验和自主创新设计与制作实验相结合；另一方面将分析性、研究性实验与创新设计相结合，同时还应给学生提供开放的机会和空间，让他们充分利用实验资源，将理论知识与实践相结合。在课程总学时有限的前提下，课外实验与课内实验相结合，适当增加课内实验的比重。

新的机械原理实验教学体系框架设计为五层结构形式，如图 1-1 所示。新体系框架力争既具有认知性和验证性特征的基础性和普及性实验项目，又有可体现创新设计思维及方法的设计实验项目，还有强调自主创新设计能力和动手实践能力的创新设计与制作实验项目。在第Ⅱ层次以上的各层实验项目中，还可以应用虚拟样机技术(借助 ADAMS 软件平台)来实现实验内容，不但丰富了实验技术与手段，而且将目前世界上最先进的机械系统运动学和动力学分析技术引入到实践中，锻炼学生应用先进技术解决实际问题的能力。

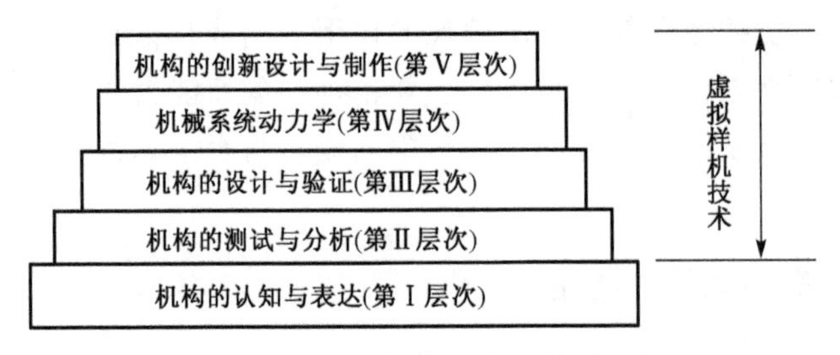

图 1-1　机械原理实验教学体系框架

1.2.2　机械原理实验教学的分类

根据图 1-1 所示的教学体系框架，建立机械原理实验教学体系结构，如图 1-2 所示。实验体系由 15 个实验项目构成。

第Ⅰ层次：机构的认知与表达。实验项目包括机构的认知、凸轮轮廓曲线测绘、齿轮参数测量和机构的表达。此层次的实验是为使实验者对各种机构的特性和应用有更深刻和本质的认识，并掌握应用工程语言来表达机构的方法。

第Ⅱ层次：机构的测试与分析。实验项目包括连杆机构的运动测试与分析和凸轮机构的运动测试与分析。此层次的实验是为使实验者对连杆机构的工作特性(如曲柄的存在条件、机构的急回特性等)和运动特性有具体的认识和更深刻的理解，对凸轮机构从动件的运动规律取决于凸轮廓线的结论有更感性的认识，对凸轮机构的冲击特性有更直观的理解和认识。

第Ⅲ层次：机构的设计与验证。实验项目包括连杆机构设计、凸轮机构设计、齿轮机构设计和机械系统设计。此层次的实验是为使实验者对三种常用基本机构和机械系统的设计有个具体设计锻炼的过程。通过理论设计与物理样机检验，体验机构的一个设计过程和验证过程。需要指出的是，由于机械系统的设计较为复杂，物理样机的制作价格昂贵，因此可由虚拟样机设计与分析软件来建立机械系统的虚拟样机，通过仿真与测试来验证理论设计结果的正确性。这样既达到了锻炼设计能力的目的，又大大提高了设计结果验证的效率。

第Ⅳ层次：机械系统动力学。实验项目包括刚性转子的动平衡、机械系统速度波动的调节。此层次的实验是为使实验者对机械系统动力学基础的有关知识有更深刻的理解，认识机械系统动力学特性在机构或机械系统中的重要作用，较好地掌握转子的动平衡方法和飞轮调速的设计方法。

第Ⅴ层次：机构的创新设计与制作。实验项目包括连杆机构设计与制作、凸轮机构设计与制作、齿轮机构设计与制作。这一层次的实验是在着力培养创新能力的基础上，加强动手能力和自主创造能力的培养。正可谓“闻之不如见之，见之不如亲历之”。这一层次的实验题目可以以自选为主，锻炼实验者的设计与动手制作能力。

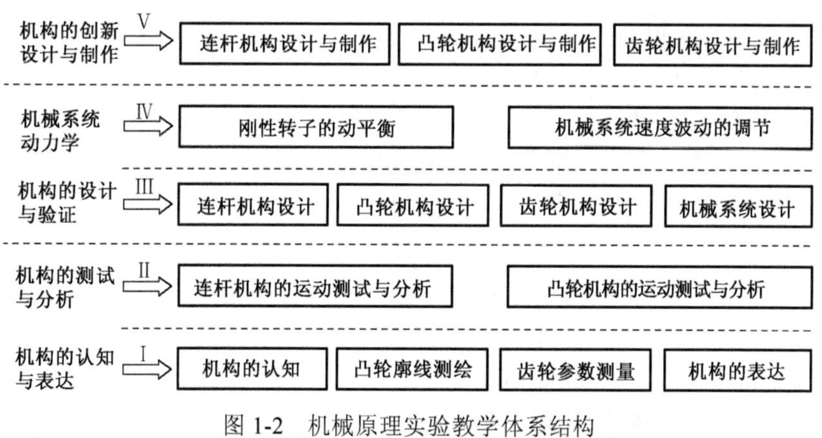

图1-2　机械原理实验教学体系结构

1.3　机械原理实验教学的基本要求

将实验内容分为必修实验、必选实验和自选实验3种，如表1-1所示。

必修实验是必须完成的实验，如机构的认知、机构的表达、机构自主创新设计与虚拟样机建模仿真。

必选实验是在规定的若干实验中选择其中的1～2个实验，如凸轮廓线测绘、齿轮参数测量、连杆机构和凸轮机构运动测试与分析等。

表 1-1 机械原理实验分类

实验类别	实 验 项 目
必修实验	机构的认知，机构的表达，机构自主创新设计与虚拟样机建模仿真
必选实验	连杆机构运动测试与分析，凸轮机构运动测试与分析，凸轮廓线测绘，齿轮参数测量，连杆机构设计，凸轮机构设计，齿轮机构设计，机械系统设计，刚性转子动平衡，机械系统速度波动的调节
自选实验	连杆机构设计与制作，凸轮机构设计与制作，齿轮机构设计与制作

自选实验是学生根据自己的兴趣、爱好和专业特长，自主选择实验内容，如连杆机构设计与制作、凸轮机构设计与制作等。

必修实验和必选实验将根据课堂教学的进度，统一安排实验时间，并由实验教师完成实验课程的管理和教学运行。

自选实验需要学生具有一定的创造性，难度稍大一些。学生要与实验教师单独约定时间来完成实验。

无论是哪种实验，其教学的基本要求为：

（1）认真阅读实验教程的相关内容，复习课堂的有关知识；

（2）完成实验前的有关设计与计算；

（3）按时到达实验室，认真听实验教师的讲解和任务分配；

（4）按要求完成相应的实验；

（5）实验过程中注意安全；

（6）数据整理与分析；

（7）撰写实验报告。

实验课成绩依据所做实验项目的数量、类型、难度等级和完成质量进行综合评定。实验成绩不及格者必须重修。对于完成“必修”和“必选”规定学时实验的学生，其实验成绩占总成绩的20%～30%；对于完成“自选”实验的学生，其实验成绩占总成绩的30%～40%。

思 考 题

1. 机械原理实验的目的是什么？
2. 机械原理实验的体系是怎样的？
3. 机械原理实验的主要内容有哪些？
4. 实验的基本要求是什么？

第 2 章　机构的认知与表达

本章主要介绍的实验内容为机构的认知与表达。通过参观机构陈列室，观察机械装置和机构模型，对机构的组成和常用机构的特点及应用有更全面和深入的了解。通过对齿轮参数的测量，加深对齿轮机构的了解。通过对机器中的主体机构和机构模型的简图测绘，掌握机构运动简图的绘制方法，达到正确表达机构的目的。

2.1　机构的认知

2.1.1　实验目的

1．了解机构的组成要素。
2．了解常用机构的类型、特点和应用。
3．了解机械系统的组成及其典型应用。

2.1.2　实验要求

参观机构陈列室，认真观察各种类型的机构，了解机构的组成、运动特点和应用。

2.1.3　实验设备

机构认知实验的设备主要包括机械原理陈列柜、机构模型、轻工包装机械、缝纫机机构和牛头刨床等。

机械原理陈列柜如表 2-1 所示。

表 2-1　机械原理陈列柜

陈列柜	陈列展示内容
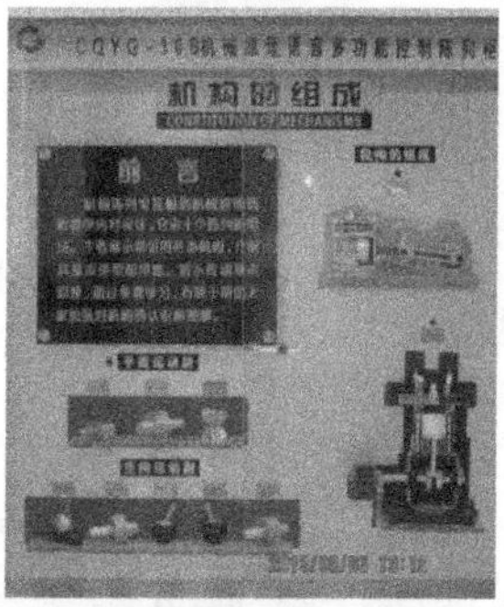	第 1 柜　机构的组成 前言 A．机构的组成模型：蒸汽机、内燃机； B．运动副：转动副、移动副、螺旋副、球面副、曲面副； C．运动副简图文字说明

续表

陈列柜	陈列展示内容
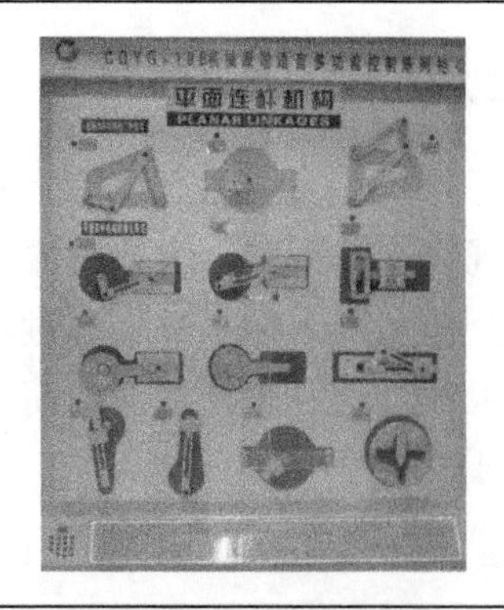	第 2 柜　平面连杆机构 A. 铰链机构的形式：曲柄摇杆机构、双曲柄机构、双摇杆机构； B. 平面四杆机构的演化形式：偏置曲柄滑块、对心曲柄滑块机构、正弦机构、双重偏心机构、偏心轮机构、直动滑杆机构、摆动导杆机构、摇块机构、双滑块机构； C. 机构简图及说明
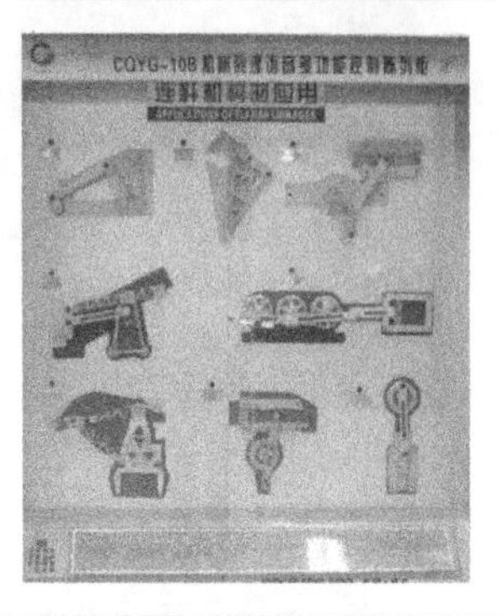	第 3 柜　连杆机构的应用 A. 平面连杆机构的应用模型：颚式破碎机、飞剪、惯性筛、摄影机平台、机车车轮联动机构、鹤式起重机、牛头刨床、插床； B. 机构简图及说明
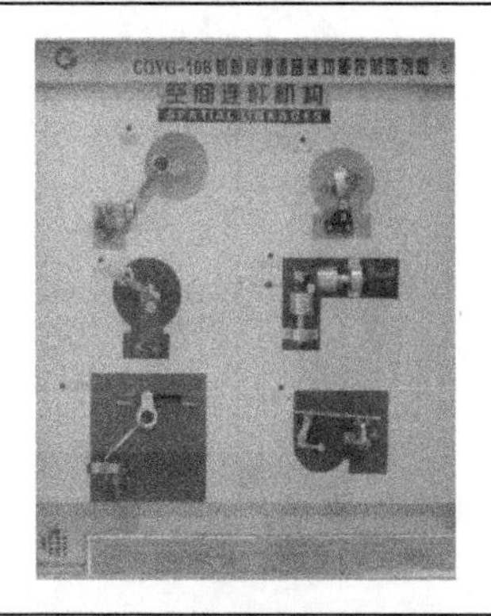	第 4 柜　空间连杆机构 A. 空间连杆机构模型：RSSR 空间机构、4R 万向节、RRSRR 角度传动机构、RCCR 联轴节、RCRC 揉面机构、SARRUS 机构； B. 机构简图及说明
	第 5 柜　凸轮机构 A. 凸轮机构模型：尖端推杆盘形凸轮机构、平底推杆盘形凸轮机构、滚子推杆盘形凸轮机构、摆动推杆盘形凸轮机构、槽形凸轮机构、等宽凸轮机构、端面圆锥凸轮机构、圆柱凸轮机构、反凸轮机构、主回凸轮机构； B. 机构简图及说明

续表

陈列柜	陈列展示内容
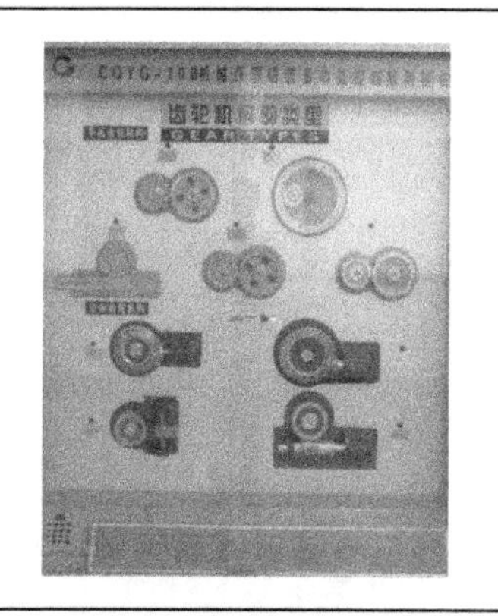	第 6 柜　齿轮机构的类型 A．平面齿轮机构：外啮合直齿圆柱齿轮机构、内啮合直齿圆柱齿轮机构、齿轮齿条机构、斜齿轮机构、人字齿轮机构； B．空间齿轮机构：直齿圆锥齿轮机构、斜齿圆锥齿轮机构、螺旋齿轮机构、蜗杆蜗轮机构； C．机构简图及说明
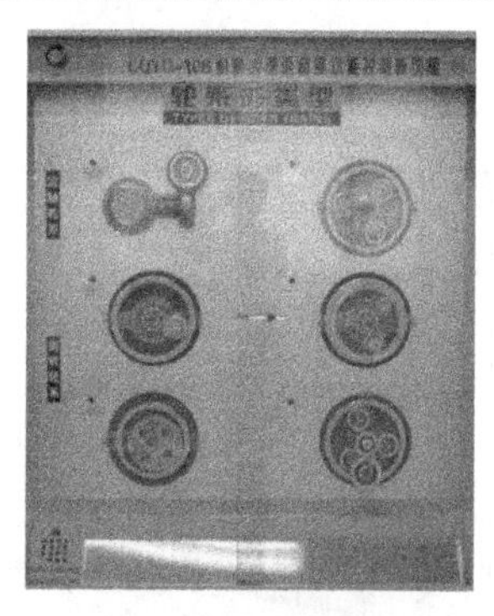	第 7 柜　轮系的类型 A．定轴轮系； B．周转轮系(5 种)：行星轮系、差动轮系、3K 周转轮系、K-H-V 行星轮系、复合轮系； C．机构简图及说明
	第 8 柜　轮系的功用 A．较大传动比、分路传动、变速传动、换向传动、运动合成、运动分解、摆线针轮减速器、谐波传动减速器； B．机构简图及说明
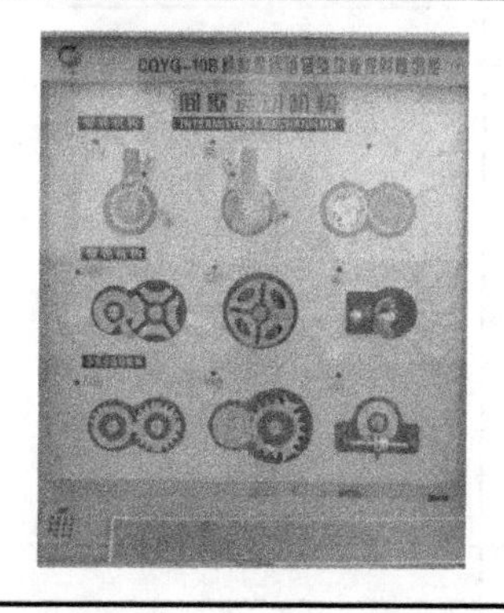	第 9 柜　间歇运动机构 A．棘轮机构：齿式棘轮机构、摩擦式棘轮机构、超越离合器； B．槽轮机构：外槽轮机构、内槽轮机构、球面槽轮机构； C．其他间歇运动机构：不完全齿轮机构 1、不完全齿轮机构 2、凸轮式间歇机构； D．机构简图及说明

续表

陈列柜	陈列展示内容
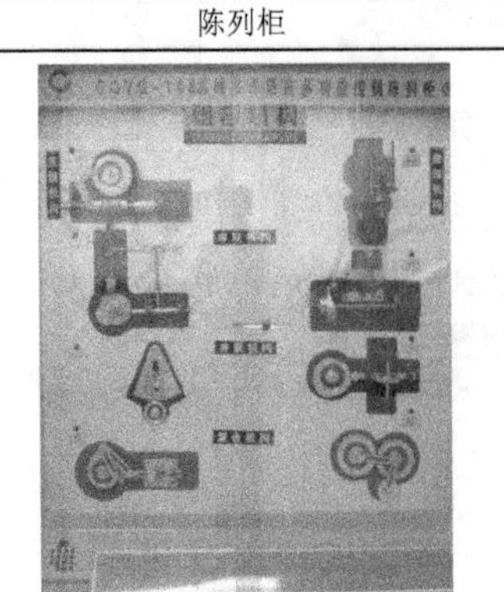	第10柜　组合机构 A．串联机构：联动凸轮组合机构1、联动凸轮组合机构2； B．并联机构：扇形机构、凸轮—齿轮组合机构； C．复合机构：凸轮—连杆组合机构、齿轮—连杆组合机构； D．其他组合机构：反馈机构、叠加机构； E．机构简图及说明

机构模型如表2-2所示。

表2-2　机构模型

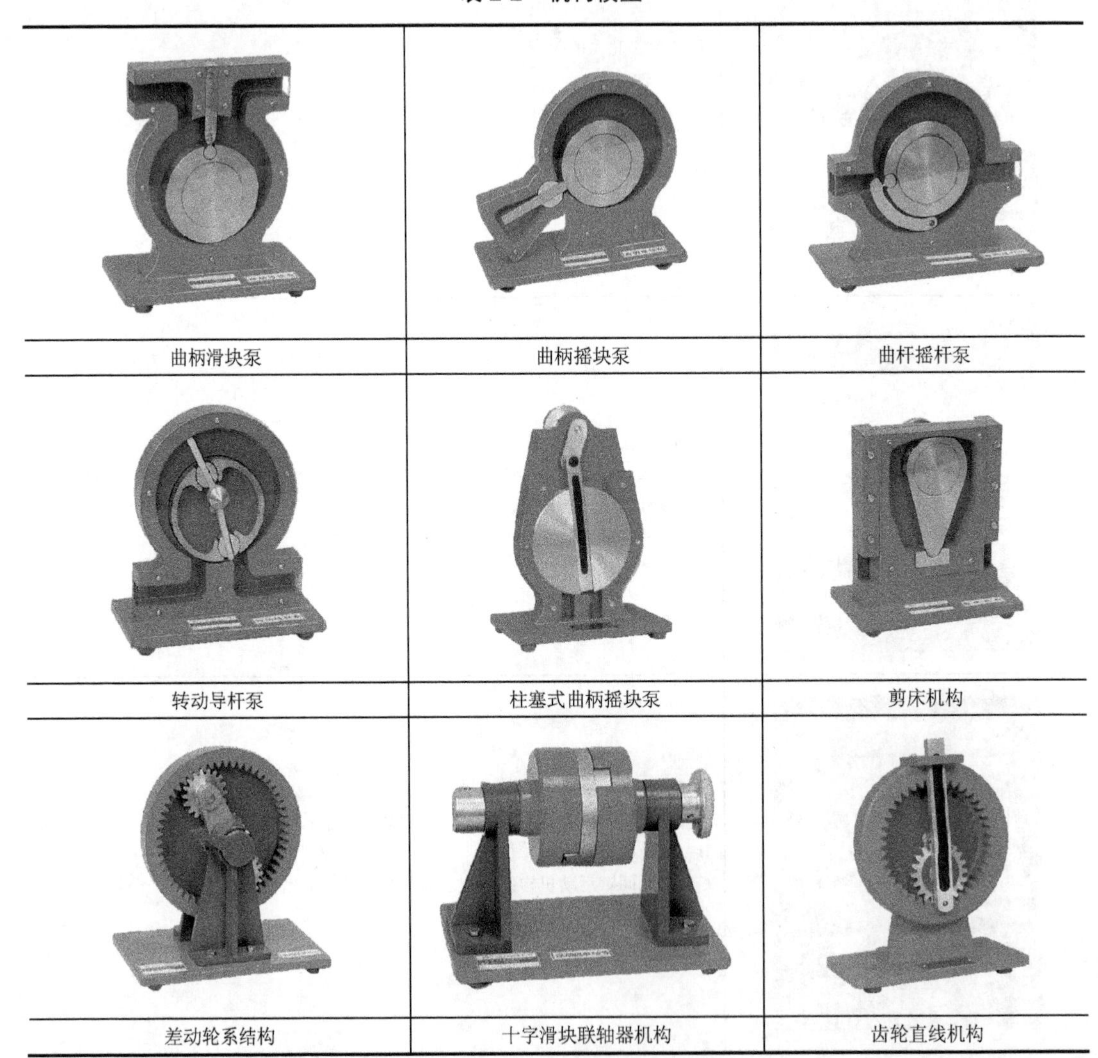

曲柄滑块泵	曲柄摇块泵	曲杆摇杆泵
转动导杆泵	柱塞式曲柄摇块泵	剪床机构
差动轮系结构	十字滑块联轴器机构	齿轮直线机构

续表

齿轮摆杆机构	铆钉机构	简易冲床
装订机机构	颚式破碎机	步进输送机
假支膝关节机构	机械手腕部机构	抛光机
牛头刨床	制动机构	汪克尔旋转式发动机
摆盘式活塞机机构	轴向柱塞泵机构	插秧机分秧插秧机构

轻工包装机械示例如图 2-1 和图 2-2 所示。

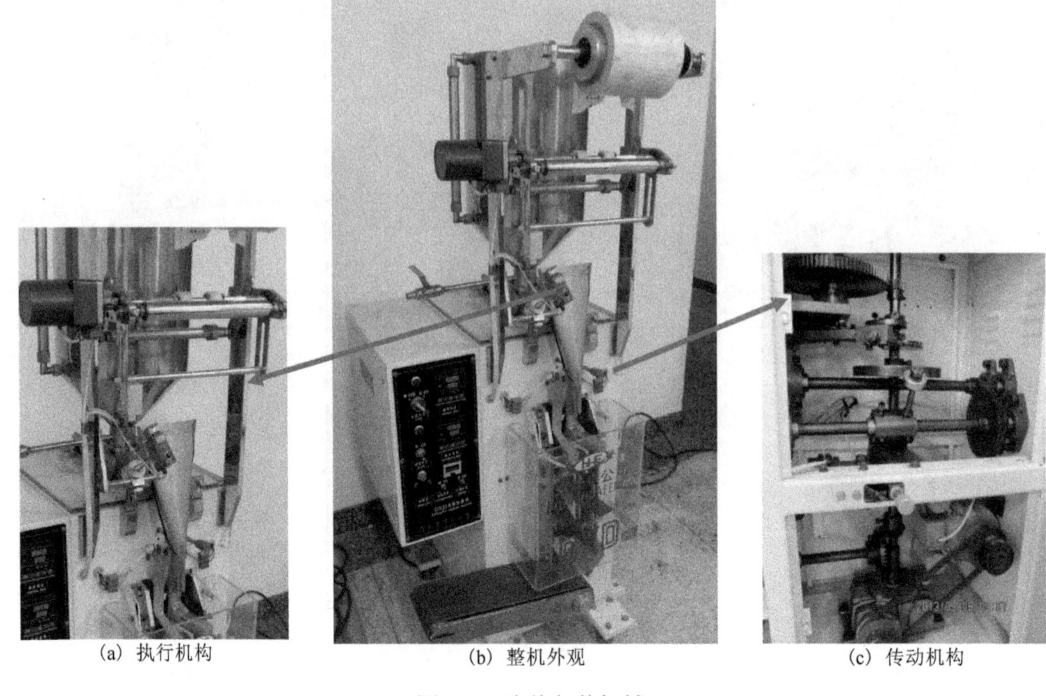

(a) 执行机构　　(b) 整机外观　　(c) 传动机构

图 2-1　液体包装机械

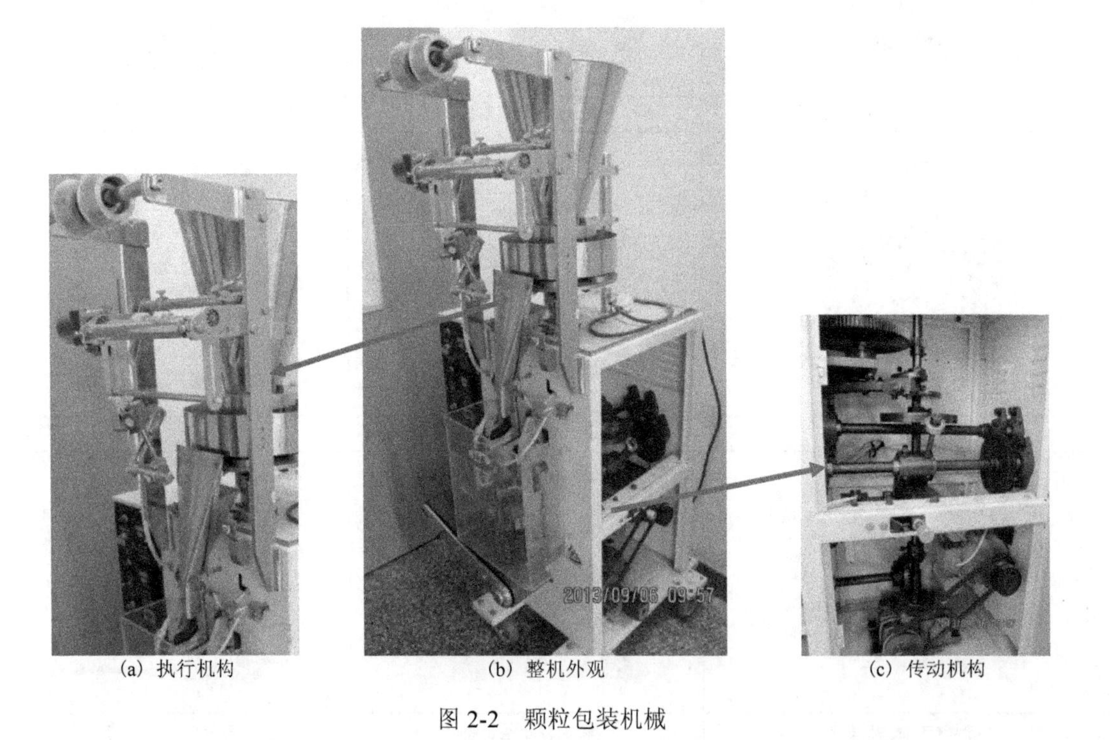

(a) 执行机构　　(b) 整机外观　　(c) 传动机构

图 2-2　颗粒包装机械

缝纫机机构如图 2-3 所示。

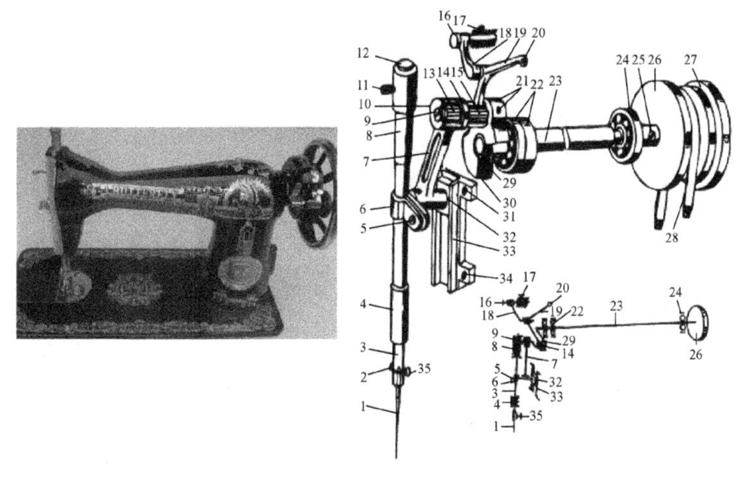

(a) 缝纫机机构　　(b) 内部结构示意图

图 2-3　缝纫机

1—机针；2—过线环；3—针杆；4—针杆套筒（下）；5、11、17、21—紧固螺钉；6—针杆连接柱；7—针杆连杆；8—针杆套筒（上）；9—针杆曲柄销；10—压盖；12—密封毡垫；13、15、22、24—轴承；14—挑线曲柄；16—摆杆销；18—摆杆；19—挑线杆；20—挑线杆孔；23—主轴；25—螺钉；26、27—皮带轮；28—皮带；29—曲柄盘；30—曲柄盘紧固螺钉；31、34—滑槽座固定螺钉；32—滑块座；35—紧针螺钉

牛头刨床的模型如图 2-4 所示。

图 2-4　牛头刨床模型

2.1.4　实验方法

参观机构陈列室，按照陈列柜的讲解顺序观察机构的运动特性，了解机构的应用。

2.1.5　实验报告

机构的认知实验报告

实验名称						指导教师签字
班级		姓名		日期		

1．实验目的。

2．任意选取 3 种机构，列出它们的特点及应用场合。

(1) 机构 1 的特点和应用场合；

(2) 机构 2 的特点和应用场合；

(3) 机构 3 的特点和应用场合。

2.2　渐开线齿轮参数测量及啮合传动

2.2.1　实验目的

1．熟悉渐开线齿轮机构的基本参数。

2．掌握渐开线齿轮基本参数的测定方法。

3．巩固渐开线齿轮几何尺寸的计算公式。

4．深入了解和掌握渐开线齿轮机构的啮合原理及其啮合过程。

2.2.2　实验要求

1．复习齿轮机构的几何尺寸计算、啮合传动原理及齿轮加工方法等有关内容。

2．认真复习相关内容，弄清楚有关公式的应用方法。

3．实验仪台板、被测齿轮及卡尺等应轻拿轻放，不要掉下，以免砸脚及损坏实验器材。

4．有机玻璃面板应将刻度面朝下(贴近齿轮端面)安装，板面应避免划伤。

5．实验时应携带渐开线函数表、计算器及刻度尺等。

2.2.3　实验设备

实验设备为如图 2-5 所示的渐开线齿轮及其啮合参数测定实验仪。

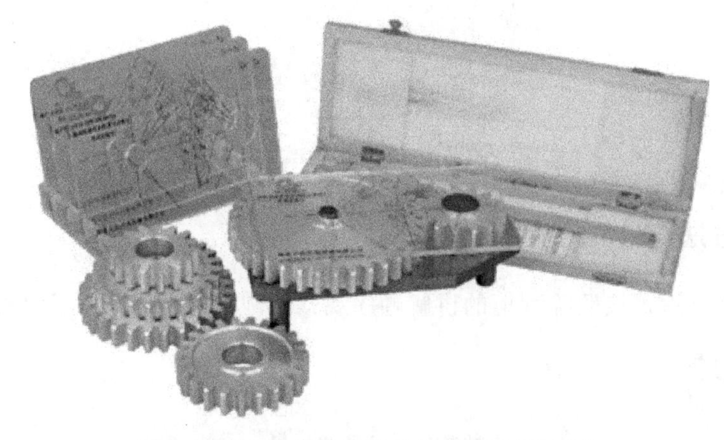

图 2-5　渐开线齿轮及其啮合参数测定实验仪

渐开线齿轮及其啮合参数测定实验仪的结构如图 2-6 所示。

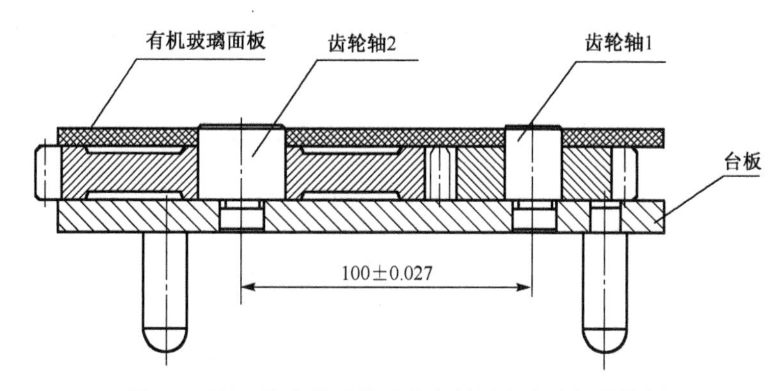

图 2-6　渐开线齿轮及其啮合参数测定实验仪结构图

齿轮轴 1、2 固定在台板上，其中心距为 100±0.027mm，齿轮轴 1 的轴颈上可分别安装 2#、3#、5#、6#实验齿轮，齿轮轴 2 的轴颈上可分别安装 1#、4#实验齿轮，1#齿轮可分别与 2#、3#齿轮啮合，4#齿轮可分别与 5#、6#齿轮啮合，共组成 4 对不同的齿轮传动。实验仪还配有 4 块有机玻璃制的透明面板，面板相当于齿轮箱体的一部分，面板上刻有齿顶圆、基圆、啮合线等，两孔同时安装在齿轮轴 1、2 的轴颈上。面板Ⅰ用于齿轮 1#和 2#的啮合传动，面板Ⅱ用于齿轮 1#和 3#的啮合传动，面板Ⅲ用于齿轮 4#和 5#的啮合传动，面板Ⅳ用于齿轮 4#和 6#的啮合传动。

2.2.4　实验方法

渐开线齿轮的基本参数有 5 个：z、m、α、h_a^*、c^*，其中 m、α、h_a^*、c^*均应取标准值，z 为正整数。对于变位齿轮，还有一个重要参数，即变位系数 x，变位齿轮及变位齿轮传动的诸多尺寸均与 x 有关。

实验步骤如下。

第 1 步：数出各齿轮的齿数，确定测量公法线长度的跨齿数 k。

$$k = \frac{\alpha z}{180^\circ} + 0.5 + \frac{2x\cot\alpha}{\pi}$$

式中，x 为变位系数，α 为压力角，z 为齿数。

确定跨齿数是为了保证在测量时，跨 k 及 k+1 个齿时卡尺的量爪均能与齿廓渐开线相切，并且最好能相切于分度圆附近。

因各齿轮的变位系数 x 和压力角 α 都不知道，所以跨齿数 k 无法直接算出。解决这一问题的方法是：首先试取 $x = 0$，$\alpha = 20^\circ$，初步计算跨齿数 k，按此进行有关尺寸的测量，计算获得有关参数后，再校验计算的跨齿数 k。

为操作上的方便，这里推荐给出各齿轮的跨齿数 k 如表 2-3 所示。

表 2-3　齿轮的跨齿数 k 的推荐值

齿轮编号	1#	2#	3#	4#	5#	6#
跨齿数 k	4	2	3	3	2	4

第 2 步：分别测量出各齿轮在跨齿数 k 和 k+1 情况下的公法线长度 W_k' 和 W_{k+1}'，如图 2-7 所示。

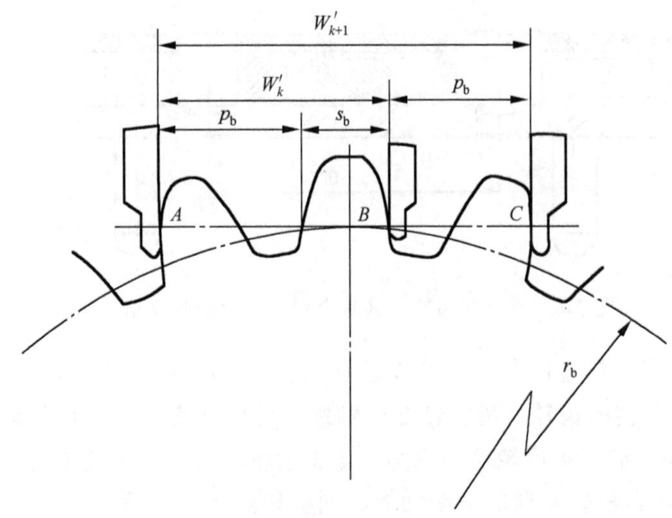

图 2-7　用游标卡尺测公法线长度 W_k' 和 W_{k+1}'

计算确定各齿轮的模数 m 和压力角 α。

根据渐开线性质可知

$$W_k' = (k-1)p_b + s_b$$

$$W_{k+1}' = kp_b + s_b$$

式中，p_b 为基圆上的齿距，mm；s_b 为基圆上的齿厚，mm。

所以

$$p_b = W_{k+1}' - W_k' = \pi m \cos\alpha$$

压力角 α 一般只为 20° 或 15°，模数 m 应符合标准模数系列，由此可试算确定齿轮的模数 m 和压力角 α。

第 3 步：测量并计算出齿轮的齿顶圆直径 d_a 和齿根圆直径 d_f。

对于偶数齿的齿轮，可通过直接测量得到齿顶圆直径 d_a 和齿根圆直径 d_f，如图 2-8(a)所示。

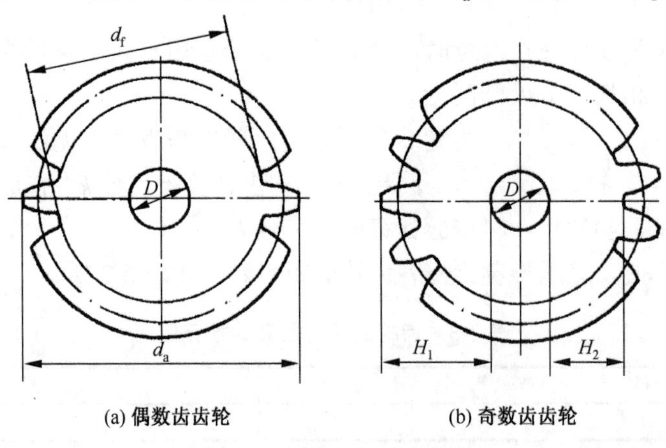

图 2-8　齿轮 d_a 与 d_f 的测量

对于奇数齿的齿轮，首先要测量出中孔直径 D、中孔边缘到齿顶和齿根的距离 H_1 和 H_2，如图 2-8(b)所示。然后通过计算得到齿顶圆直径 d_a 和齿根圆直径 d_f。

$$d_a = D+2H_1$$

$$d_f = D+2H_2$$

进一步得到轮齿的齿全高 h 为

$$h = (d_a-d_f)/2 = H_1-H_2$$

第 4 步：计算得到齿轮的齿顶高系数 h_a^* 和齿顶间隙系数 c^*。

标准齿轮的齿全高 h 为

$$h = (2h_a^*+c^*)m$$

分别将 $h_a^* = 1$、$c^* = 0.25$(正常齿制)或 $h_a^* = 0.8$、$c^* = 0.3$(短齿制)代入上式，若等式成立，即可确定齿轮是正常齿或是短齿，进而确定 h_a^*、c^*；若等式都不成立，则齿轮是变位齿轮，根据等式接近成立的原则，可确定齿轮是正常齿还是短齿，进而确定 h_a^*、c^*。

第 5 步：变位系数 x 的确定。

标准齿轮公法线长度可由下式计算得到

$$W_k = m\cos\alpha[(k-0.5)\pi+z\mathrm{inv}\alpha]$$

比较 W_k 与 W_k'，若 $W_k' = W_k$，则齿轮为非变位齿轮，即变位系数 $x = 0$；若 $W_k' \neq W_k$，则齿轮为变位齿轮，其变位系数可由下式计算得到

$$x = (W_k' - W_k)/(2m\cos\alpha)$$

第 6 步：齿轮根切的判断。

依据 $x_{\min} \geqslant h_a^*(z_{\min} - z)/z_{\min}$ 判断各齿轮有无根切。

第 7 步：齿轮啮合传动的过程及重合度确定。

分别将齿轮 1#和 2#、齿轮 1#和 3#、齿轮 4#和 5#、齿轮 4#和 6#装在实验仪台板的齿轮轴上，再装上相应的面板(将其刻画面朝下)，转动各对中的小齿轮，观察齿轮传动的啮合过程，注意啮合点位置的变化及其与啮合线的位置关系。

初测这 4 对齿轮的实际啮合线长度 $\overline{B_2B_1}$（当齿顶圆与理论啮合线交点 B_2 超出 N_1 点位置时，实际啮合线长度为 $\overline{N_1B_1}$），并计算重合度 ε_a。

第 8 步：齿轮啮合传动类型的判断。

判断这 4 对齿轮传动的类型，比较其特点，计算其啮合传动的几何参数。

2.2.5　实验报告

渐开线齿轮参数测定及啮合传动实验实验报告

实验名称						指导教师签字
班级		姓名		日期		

1．实验目的。

2．渐开线齿轮参数测定。

被测齿轮	$1^{\#}$	$2^{\#}$	$3^{\#}$	$4^{\#}$	$5^{\#}$	$6^{\#}$
z						
跨齿数 k						
W_k'						
W_{k+1}'						
m/mm						
α /(°)						
d_a/mm						
d_f/mm						
h_a*						
c*						
W_k/mm						
x						
x_{min}						

3．外啮合直齿圆柱齿轮传动的几何参数计算值。

参数名称	符号	齿轮 $1^{\#}$—$2^{\#}$		齿轮 $1^{\#}$—$3^{\#}$		齿轮 $4^{\#}$—$5^{\#}$		齿轮 $4^{\#}$—$6^{\#}$	
变位系数 x									
传动类型									
分度圆直径 d/mm									
基圆直径 d_b/mm									
啮合角 α' /(°)									
中心距 a/mm									
节圆直径 d' /mm									
中心距变动系数 y									
齿顶高变动系数 Δy									
齿顶高 h_a/mm									
齿根高 h_f/mm									
齿全高 h/mm									
齿顶圆直径 d_a/mm									
齿根圆直径 d_f/mm									
分度圆齿厚 s/mm									
实际啮合线长 $\overline{B_2B_1}$ /mm									
重合度 ε_a									

4．思考题

(1) 齿轮的模数 m 和压力角 α 是如何确定的？测量齿轮的公法线长度应注意什么？

(2) 奇数齿齿轮的齿顶圆直径 d_a、齿根圆直径 d_f 是如何测出的？

(3) 齿轮的齿顶高系数 h_a^* 和顶隙系数 c^* 是如何确定的？

(4) 如何判断所测齿轮是否变位，变位系数如何确定？

(5) 如何判断所测齿轮是否根切？这 6 个齿轮中有根切的是哪个(些)齿轮？

(6) 直齿圆柱齿轮传动的类型有哪些？实际中心距 a'与标准中心距 a 有何不同？啮合角 α' 与压力角 α 有何不同？

(7) 变位齿轮无侧隙啮合方程是什么？如何使一对变位齿轮传动既满足无侧隙啮合，又满足具有标准顶隙 c^*m？

(8) 变位齿轮传动的中心距变动系数 y 和齿顶高变动系数Δy 的含义是什么？

(9) 何为齿轮传动的理论啮合线及实际啮合线？它们是如何画出来的？

(10) 1#齿轮在分别与 2#、3#齿轮啮合时，计算出的齿顶圆直径 d_a 为何不一样？其实际的齿顶圆直径应如何选取？

(11) 简述直齿圆柱齿轮传动的啮合过程，一对齿廓的啮合点位置在主、从动齿廓及啮合线上是如何变化的？

(12) 何为齿轮传动的重合度 ε_a？它是如何计算的？

(13) 试比较当其他参数相同时，$\alpha = 20°$与 $\alpha = 15°$齿轮、正常齿制与短齿制齿轮在渐开线齿形、主要几何参数及啮合传动性能方面各有何不同？

2.3 机构的运动简图绘制

2.3.1 实验目的

1. 学会根据实际机器或模型绘制机构运动简图的方法。

2. 验证机构自由度的计算公式，并根据理论计算和实际机器或模型运转来判断机构运动的确定性。

2.3.2 实验要求

1. 机器及各种构件、运动副必须用规定符号来表示。

2. 对于平面机构应选择与机构中各构件运动所在平面相平行的平面作为投影面。所画的机构位置应选择各个构件和运动副最显露的位置。

3. 在机构运动简图中必须表示出与运动有关的一切尺寸(如转动副间的中心距和移动副导路的方位等)，而与运动无关的尺寸不必画出。并注意保持各构件的相对位置关系。

4. 原动件要以箭头表示其运动方向，并由原动件开始依次以 1，2，3，…数字编号，各个运动副均以 A，B，C，…大写英文字母标注。

2.3.3 实验设备

实验设备：机构模型(图 2-9 和表 2-2)、轻工包装机械(图 2-1 和图 2-2)、缝纫机机构(图 2-3)和牛头刨床(图 2-4)等。

图 2-9　机构模型

2.3.4　实验方法

选取若干机构模型和机械产品，按照如下步骤绘制机构的运动简图。

1．首先了解机器的功用和所要实现的运动变换，然后由原动件开始按运动传递顺序观察，认清机架和运动构件，特别要仔细观察具有微小运动的构件，从而确定组成机构的构件数目。根据各相邻构件的相对运动性质及其接触情况，确定各个运动。

2．判别所画机构中各构件运动所在平面，从而选择合适的投影面，并确定所画的机构位置。

3．测量各构件的相对尺寸，大致按比例徒手画出机构运动简图的草图。

4．按实际机器仔细核对机构运动简图。计算机构的自由度，并根据实际机构的原动件数判别机构运动是否确定。

5．整理报告，绘制较规整的机构运动简图。

如图 2-10 所示为锯床机构的结构示意图和对应的机构运动简图。

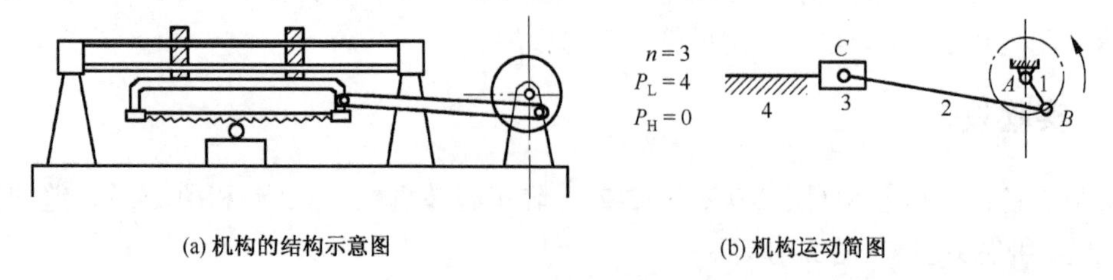

图 2-10　锯床机构的结构示意图和机构运动简图

2.3.5 实验报告

机构表达实验报告

实验名称						指导教师签字
班级		姓名		日期		

1．实验目的。

2．机构运动简图绘制及机构的自由度计算。

（机构运动简图） 机构名称：	原动件数	
	活动构件数	$n=$
	低副数	$p_L=$
	高副数	$p_H=$
	自由度	$F=$
	机构运动是否确定	

3．思考题

（1）举例说明，哪些是与运动有关的尺寸，哪些是与运动无关的尺寸。

（2）机构自由度的计算对绘制机构运动简图有何帮助？

第 3 章　机构运动参数测定与分析

本章以凸轮机构和连杆机构为例，介绍通过测定机构运动参数获取机构的运动特性的方法。通过本章内容，了解转动构件和移动构件的运动参数(位移、速度和加速度)的测定和获取方法，达到对机构运动特性理论有更深刻认识的目的。

3.1　凸轮机构从动件运动规律的测定与分析

3.1.1　实验目的

1．了解凸轮机构从动件运动规律的测定方法。

2．深刻认识从动件运动规律与凸轮廓线的关系。

3．体会从动件运动规律与冲击特性的关系。

3.1.2　实验要求

1．复习凸轮机构的工作特性和运动分析内容。

2．了解有关构件运动参数测量的方法，如转动构件角度、角速度和角加速度的测量方法，移动构件位移、速度和加速度的测量方法。

3．在启动设备之前，要认真了解设备的构成，熟知设备的安全操作规程。

4．机构运转过程中，不允许触碰。

3.1.3　实验设备

本实验设备采用如图 3-1 所示的凸轮机构动态测试实验台。

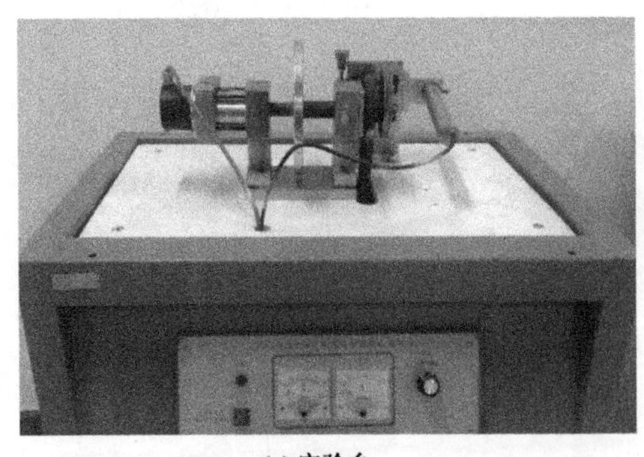

(a) 实验台

(b) 实验台主体机构

图 3-1　凸轮机构动态测试实验台

实验台主要由直流调速电机，机械传动装置，联轴器，凸轮，直动推杆，角位移传感器，线位移传感器，信号采集、转换、传输和计算机等模块组成。

实验台配有 4 个可以拆装的凸轮(图 3-2)和 1 个滚子直动从动件。

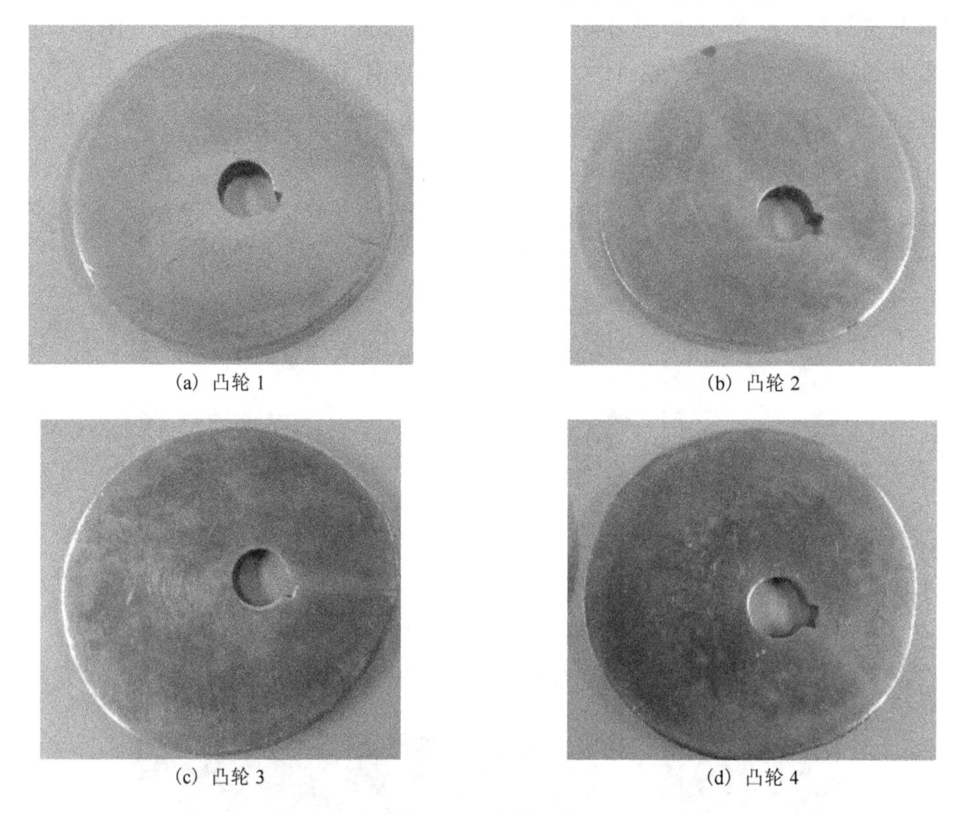

(a) 凸轮 1 (b) 凸轮 2 (c) 凸轮 3 (d) 凸轮 4

图 3-2 盘型凸轮

该实验台的测试原理如图 3-3 所示。

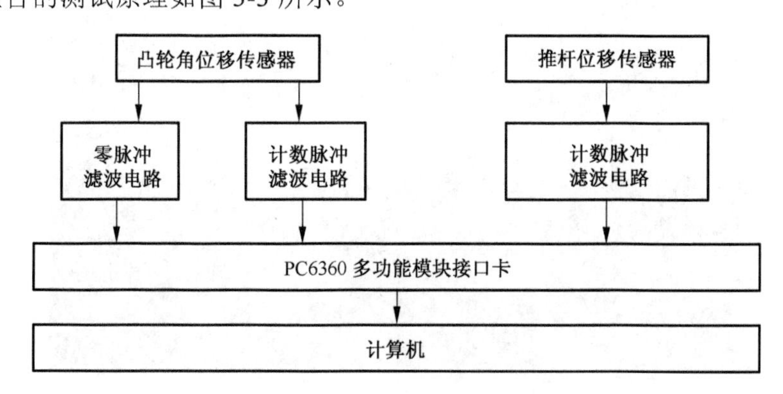

图 3-3 实验台的测试原理图

计算机软件利用实验台测试出的凸轮运动参数，如转速 n (r/min)、角位移 φ 和线位移 s 等数据自动绘制出凸轮实测的位移运动参数曲线，通过计算机多媒体虚拟仪表显示其速度、加速度曲线。

3.1.4 实验方法

按以下步骤进行凸轮机构的运动参数测定实验。

(1) 打开计算机，单击如图 3-4 所示的计算机桌面上的“凸轮机构”图标，进入如图 3-5 所示的“凸轮机构测试设计仿真综合实验台软件系统”的界面。

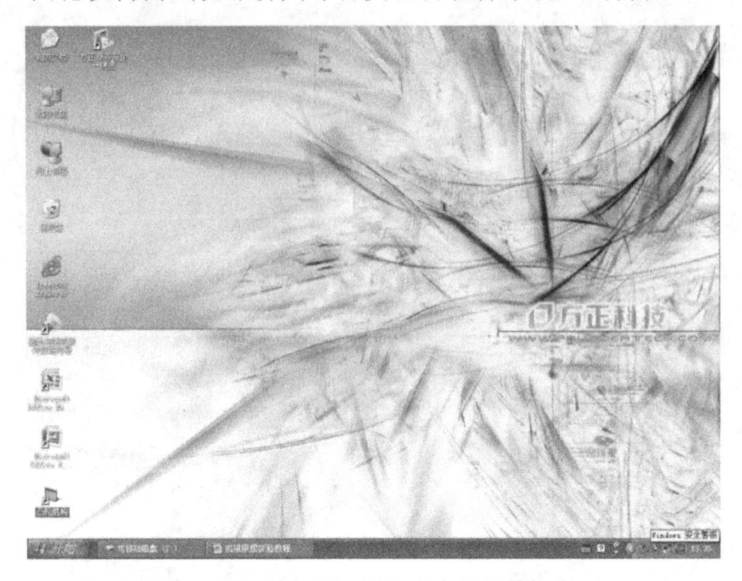

图 3-4 “凸轮机构”图标所在的计算机桌面

图 3-5 实验台软件系统的界面

(2) 单击左键，进入盘形凸轮机构动画演示界面，如图 3-6 所示。在盘形凸轮机构动画演示界面上单击“盘形凸轮”按钮，进入盘形凸轮机构原始参数输入界面。

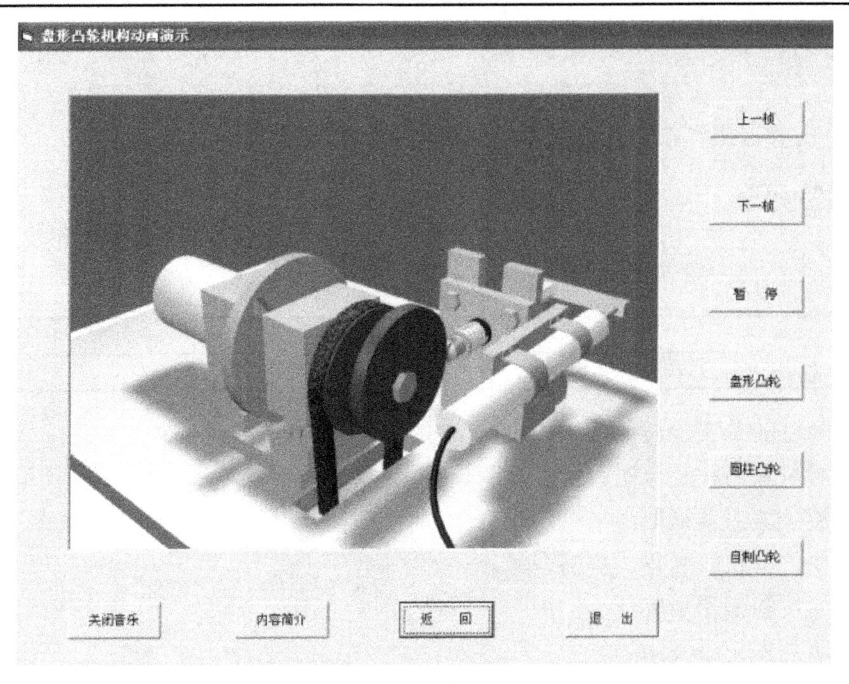

图 3-6　盘形凸轮机构动画演示界面

(3) 启动实验台电机，待凸轮机构运转平稳后，测定电动机的功率。

(4) 在如图 3-7 所示的盘形凸轮机构推杆运动仿真界面中，单击“实测”按钮，进行数据采集和传输，显示实测的位移、速度、加速度曲线。

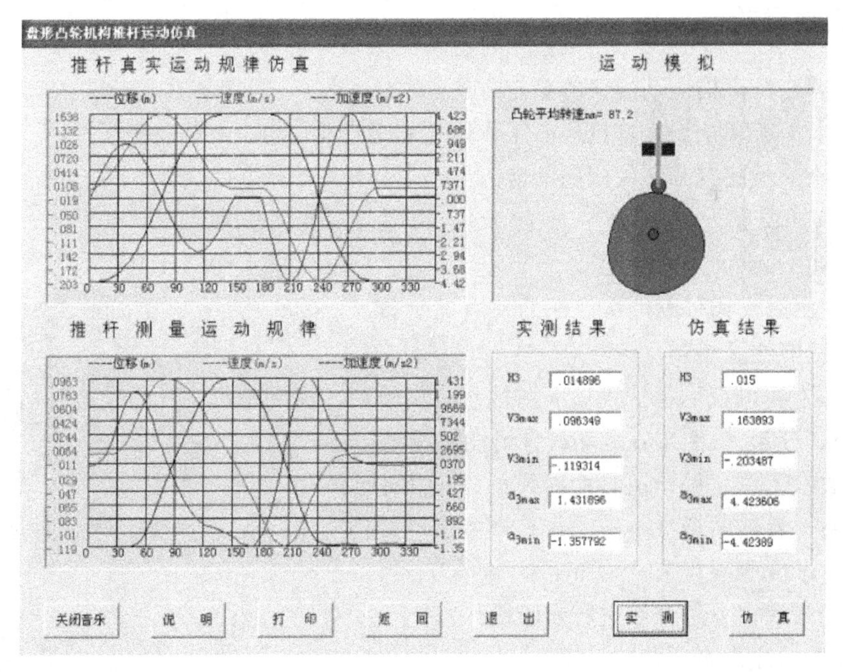

图 3-7　选定实验的界面

(5) 如果要打印仿真和实测的位移、速度、加速度曲线图，在选定的实验内容的界面下方单击“打印”按钮，打印机自动打印出仿真和实测的位移、速度、加速度曲线图。

(6) 单击“退出”按钮，结束实验，返回 Windows 界面。

3.1.5 实验报告

凸轮机构运动参数测定与分析实验报告

实验名称						指导教师签字
班级		姓名		日期		

1．实验目的及实验任务。

2．被测对象名称及原始数据、检测项目。

3．实验装置原理框图。

4．主要仪器仪表名称、规格型号。

5．主要实验操作步骤。

6．实验数据记录及结果。

7．实验结果分析(如误差产生原因分析等)。

3.2 连杆机构运动规律的测定与分析

3.2.1 实验目的

1．了解连杆机构运动规律的测定方法。

2．深入了解和认识连杆机构的工作特性和运动特性。

3．锻炼分析问题和解决问题的能力。

3.2.2 实验要求

初次使用时，需仔细阅读产品的使用说明书。

1．开机前注意事项：

(1) 拆下有机玻璃保护罩用清洁抹布将实验台，特别是机构各运动构件清理干净，加少量 N68～N48 机油至各运动构件滑动轴承处；

(2) 面板上调速旋钮逆时针旋到底(转速最低)；

(3) 用手转动曲柄盘 1～2 周，检查各运动构件的运行状况，各螺母紧固件应无松动，各运动构件应无卡死现象。

一切正常后，方可开始进行实验操作。

2．开机后注意事项：

(1) 开机后，不要太靠近实验台，更不能用手触摸运动构件；

(2) 调速稳定后才能用软件测试，测试过程中不能调速；

(3) 测试时，转速不能太快或太慢。因传感器量程的限制，转速过快或者过慢，软件采集不到数据，将自动退出系统。

3.2.3 实验设备

连杆机构运动参数测定实验台如图 3-8(a)所示，其结构组成示意图如图 3-8(b)所示。

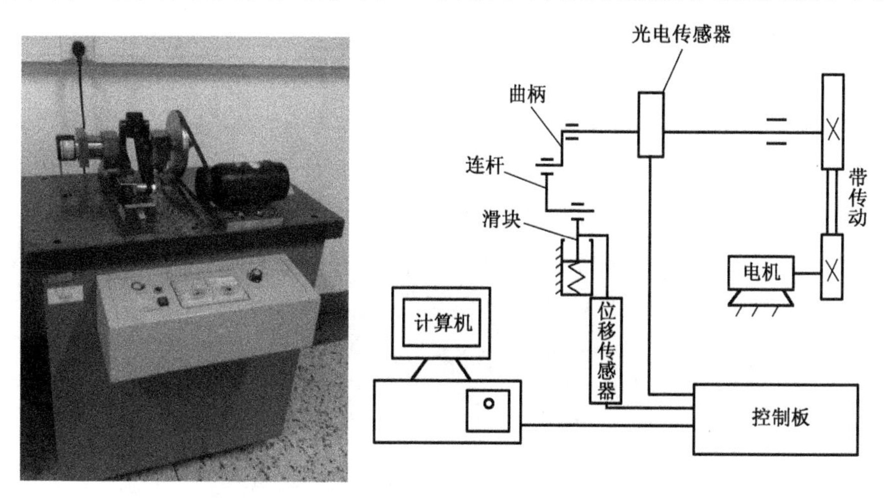

(a) 实验台 (b) 实验台的结构组成示意图

图 3-8 连杆机构运动参数测定实验台

实验台的主体机构为一偏置曲柄滑块机构，机构运动简图如图 3-9 所示。已知条件：曲柄 1 长 l_{AB} = 50mm，连杆 2 长 l_{BC} = 180mm，偏距 e = 20mm。

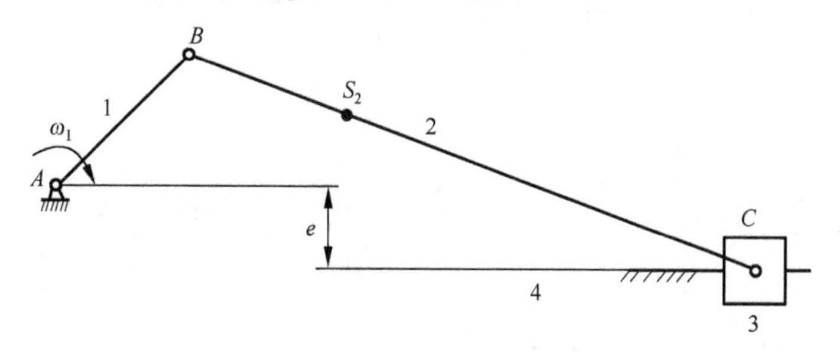

图 3-9 实验台主体机构运动简图

3.2.4 实验方法

按以下步骤进行连杆机构运动规律的测定与分析实验。

(1) 应用学过的运动分析方法(如瞬心法、相对运动法等)，对如图 3-9 所示的偏置曲柄滑块机构进行运动分析，得出主轴(曲柄)转速分别为 n_m = 100r/min、150r/min 和 200r/min 时的滑块位移、速度和加速度值(间隔 15° 计算一个值)，将计算的“理论值”填入表 3-1 中。

表 3-1　曲柄滑块机构运动的理论分析值与实验值汇总表(n_m = 100r/min)

曲柄转角/deg	滑块的位移/mm		滑块的速度/(mm/s)		滑块的加速度/(mm/s^2)	
	理论值	实验值	理论值	实验值	理论值	实验值
0°						
15°						
30°						
…						
360°						

(2) 打开计算机，单击如图 3-10 所示的计算机桌面上的“速度波动调节”图标，进入“速度波动调节实验台”界面，如图 3-11 所示。

图 3-10 “速度波动调节”图标所在的计算机桌面

图 3-11 “速度波动调节实验台”界面

(3) 单击如图 3-11 所示的实验台软件系统界面，进入如图 3-12 所示的“速度波动调节”测试界面。

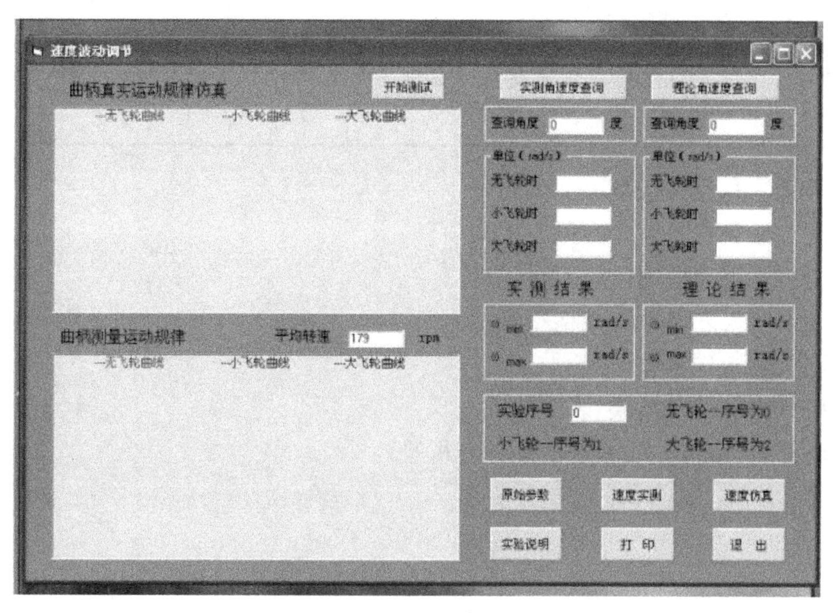

图 3-12 “速度波动调节”测试界面

(4) 启动实验台的电动机，将主轴的转速调到 $n_{\mathrm{m}}=100\mathrm{r/min}$。

(5) 待曲柄滑块机构运转平稳后，单击“速度实测”按钮，进行数据采集和传输，显示曲柄实测的角速度曲线，如图 3-13 所示。

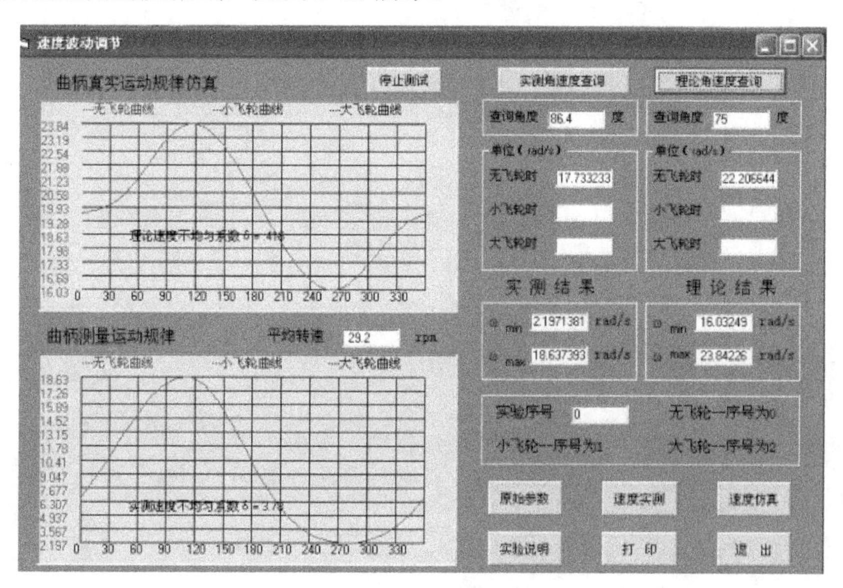

图 3-13 机构运动参数测试结果

(6) 将测得的“实验值”填入表 3-1 中，对比分析理论分析值与实验值。

(7) 单击“退出”按钮，结束实验，返回 Windows 界面。

3.2.5 实验报告

连杆机构运动规律测定与分析实验报告

实验名称						指导教师签字
班级		姓名		日期		

1．实验目的和实验任务。
2．被测对象名称及原始数据、检测项目。
3．实验装置原理框图。
4．主要仪器仪表名称、规格型号。
5．主要实验操作步骤。
6．实验数据记录及结果(表 3-1)。
7．实验结果分析(如误差产生原因分析等)。

第 4 章　机构的设计

本章主要介绍连杆机构创新设计实验、凸轮机构设计实验和齿轮机构设计实验。在连杆机构创新设计实验中，根据给定的设计任务，完成机构的构型设计、尺寸设计及机构的样机搭接，深化课堂有关内容，锻炼和培养创新设计能力及动手实践能力。在凸轮机构和齿轮机构设计实验中，紧密结合课堂所学知识，完成一个凸轮机构和一个齿轮机构的设计、装配和测试的任务。实验旨在锻炼学生的机构设计能力和动手实践能力，同时达到加深和巩固相关知识的目的。

4.1　平面连杆机构的创新设计

4.1.1　实验目的

1．巩固连杆机构的设计原理和方法。

2．培养创新设计能力。

3．锻炼动手实践能力。

4.1.2　实验要求

1．复习有关平面连杆机构设计的知识。

2．在 4.1.4 节中选取或另行设计一个题目作为本实验的设计内容。

3．实验课前，必须完成所选题目的一个方案设计，并完成该机构的尺寸设计。

4.1.3　实验设备

实验设备采用机械系统运动方案创新设计实验台，它不但可用于连杆机构物理样机的搭接组装，还可以用来完成其他机构(如凸轮机构、齿轮机构、蜗杆蜗轮机构、间歇运动机构及组合机构等)的搭接组装，实验台如图 4-1 所示。

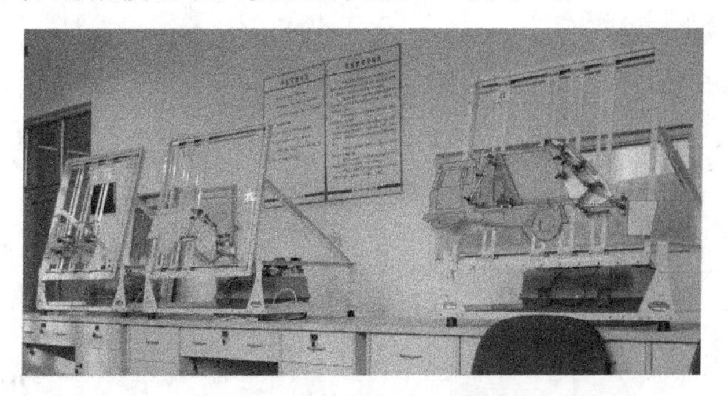

图 4-1　机械系统运动方案创新设计实验台

实验台主要由三部分所组成：机架和构件组件、驱动单元及控制单元。

1）机架和构件组件

机架组件如图 4-2 所示。

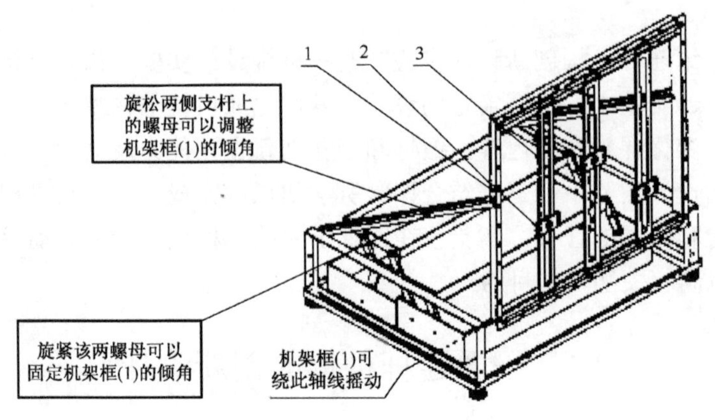

图 4-2　实验台的机架组件
1—机架框；2—滑板；3—滑轨

构件组件分为若干种，分别介绍如下。

(1) 二自由度导轨组件。如图 4-3 所示为机架中的二自由度薄板型导轨滑板的结构。滑板是机架与杆件相连接的基板。滑板可以在机架框内将横竖两个自由度调整到合适位置并固定，滑板上有两种规格的内螺孔用来固定连架铰链或导路。

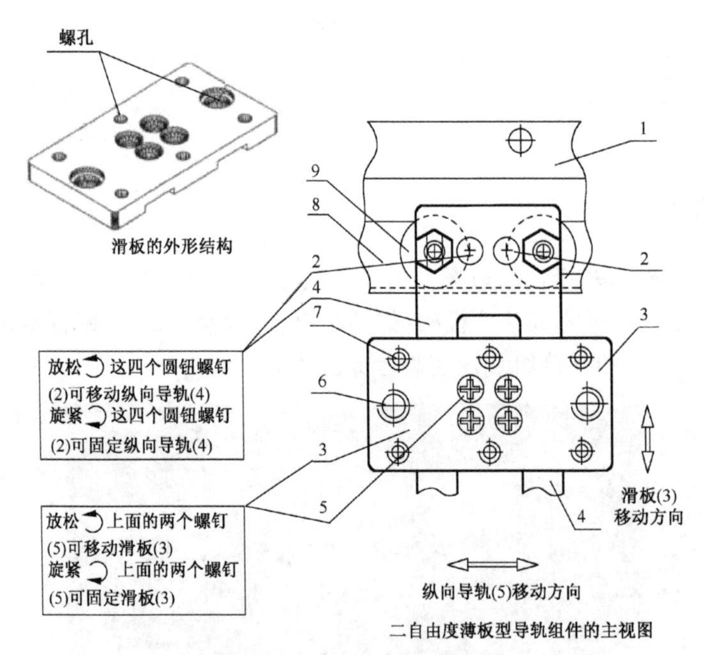

图 4-3　二自由度导轨组件
1—机架框；2—螺钉；3—滑板；4—纵向导轨；5—旋松螺钉；6—内螺纹；7—内螺纹；8—横向导轨；9—滚轮

(2) 主动铰链组件。如图 4-4 所示描述了单层、双层和三层主动铰链及曲柄杆的外形结构。

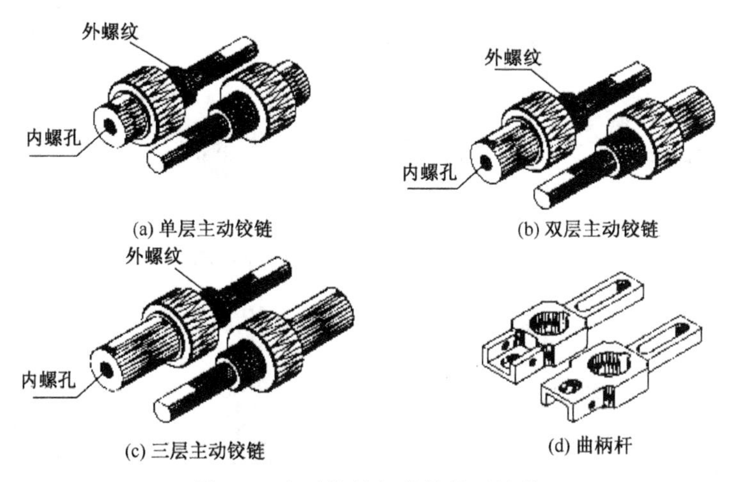

(a) 单层主动铰链　(b) 双层主动铰链　(c) 三层主动铰链　(d) 曲柄杆

图 4-4　主动铰链组件的外形结构

(3) 构件杆和低副组件。实验台提供了一组系列长度的构件杆，如图 4-5 所示。长度不同的构件杆具有相同尺寸的矩形横截面，这样便于用做滑块移动的导路。各个构件杆都开有若干个长孔，相邻长孔之间所留实体的长度远远小于长孔的长度，这样可以尽可能增大从动铰链在构件杆上位置的调整范围。

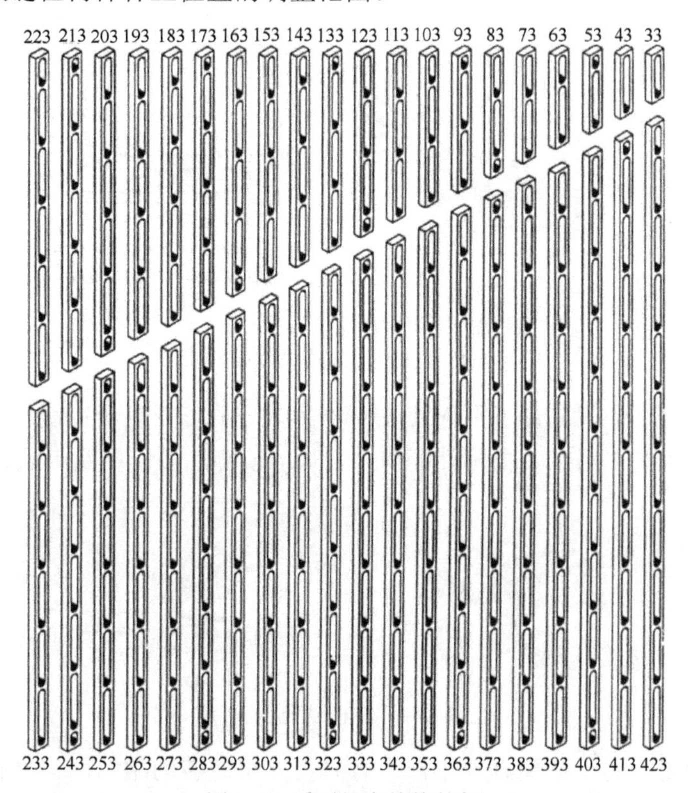

图 4-5　系列长度的构件杆

低副组件可以有多种形式。如图 4-6 所示为构件杆与铰链相连接的低副组件。

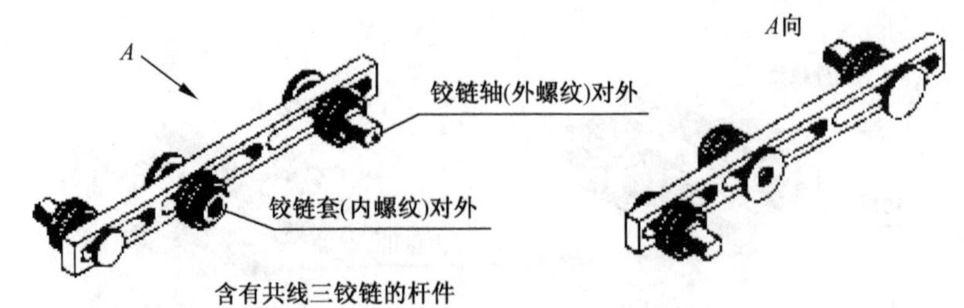

图 4-6　构件杆与铰链相连接的低副组件

如图 4-7 所示为两种铰链螺钉、铰链螺母和从动铰链的外形结构。

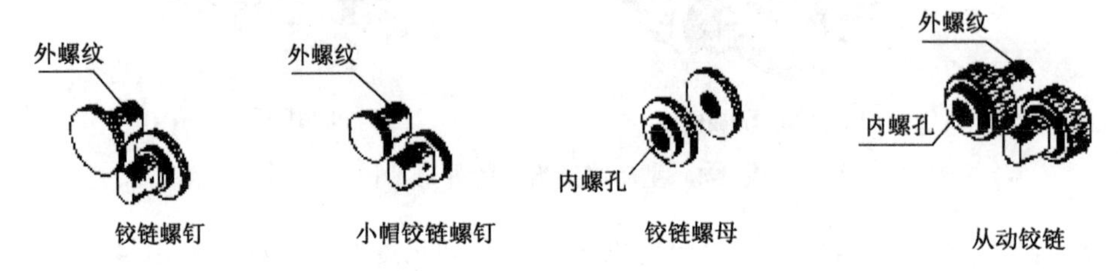

图 4-7　铰链螺钉、铰链螺母和从动铰链的外形结构

如图 4-8 所示为从动铰链组件(1，2，3)与两个构件杆(4，5)组装成二杆普通铰链的外形结构。

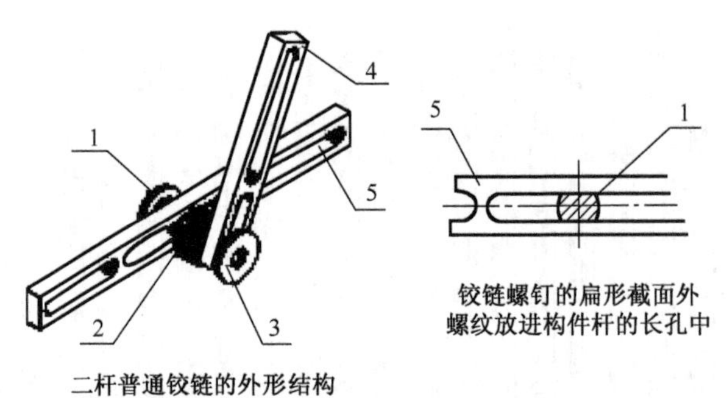

图 4-8　二杆普通铰链的外形结构

如图 4-9 所示为从动铰链组件与三构件杆组装成的三杆复合铰链。与二杆普通铰链相比，三杆复合铰链多用了一根构件杆和一套从动铰链，而结构及组装方法相同。

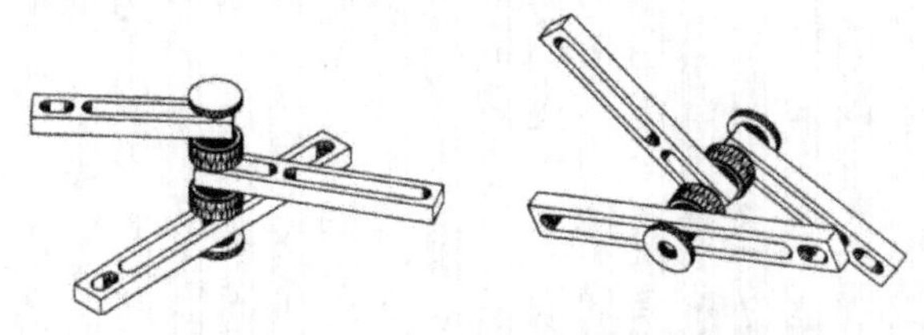

图 4-9　三杆复合铰链

需要说明的是，为了避免杆件干涉，有时需要组成转动副的两构件杆不在邻层而在隔层。如图 4-10 所示为杆件不干涉的组装方式，用其中的铰链长轴和垫块，与从动铰链

组件和构件杆组装。铰链接长轴的扁形截面外螺纹穿过垫块的条形孔与从动铰链的内螺纹旋合，链接长轴的内螺纹与铰链螺钉的扁形截面外螺纹(已穿过构件杆的长孔)旋合。

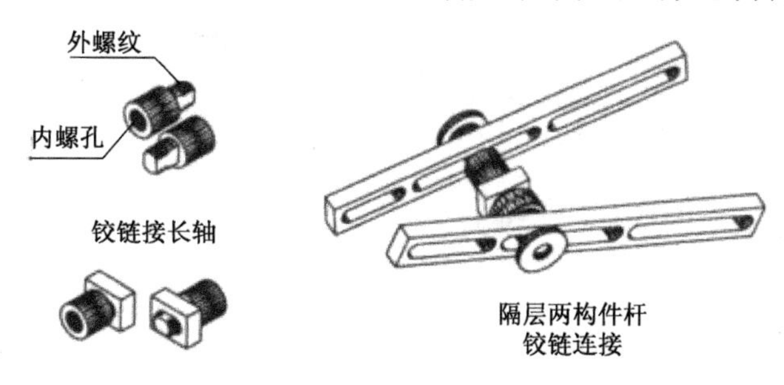

图 4-10　杆件不干涉的组装方式

如图 4-11 所示为带铰滑块的外形结构。如图 4-12 所示为带铰滑块与两杆及一个铰链的螺母组合。

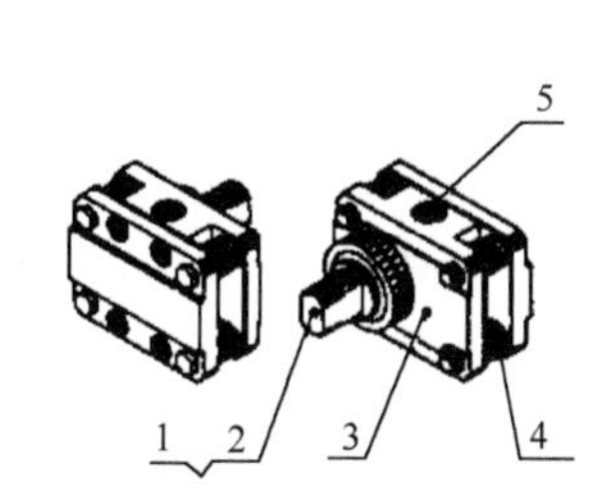

图 4-11　带铰滑块的外形结构

1—扁形截面外螺纹；2—铰链轴；3—滑块体；4—滚子；5—轴承孔

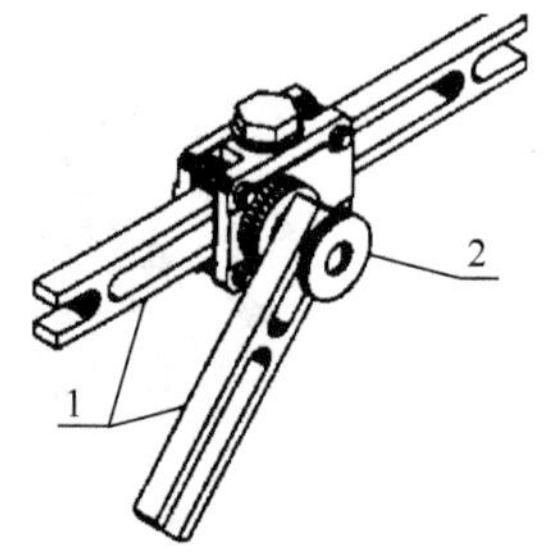

图 4-12　带铰滑块与两杆及铰链螺母的组合

1—构件杆；2—铰链螺母

2）驱动单元

(1) 电机驱动单元。如图 4-13 所示为软轴联轴器、L 形电机架及电机的安装方法。

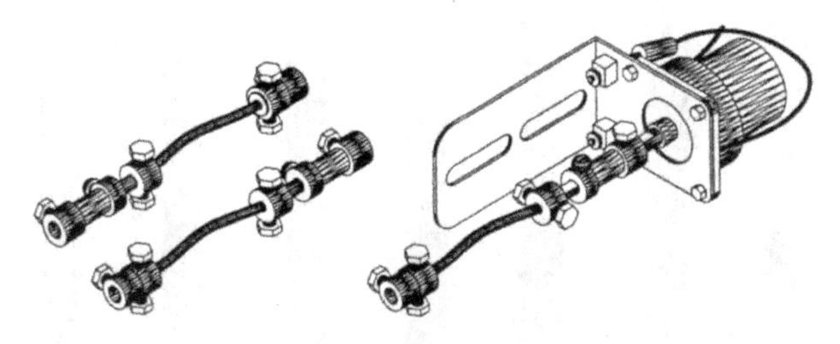

图 4-13　软轴联轴器、L 形电机架及电机的安装方法

如图 4-14 所示为电机驱动齿轮和曲柄的安装，如图 4-15 所示为电机驱动蜗轮的安装。

(2) 气缸驱动单元。如图 4-16 所示为 7 种行程的气缸系列。如图 4-17 所示则为气缸铰链与活动杆件的连接。

3）驱动单元的控制

如图 4-18 所示为电机驱动单元的控制示意图。

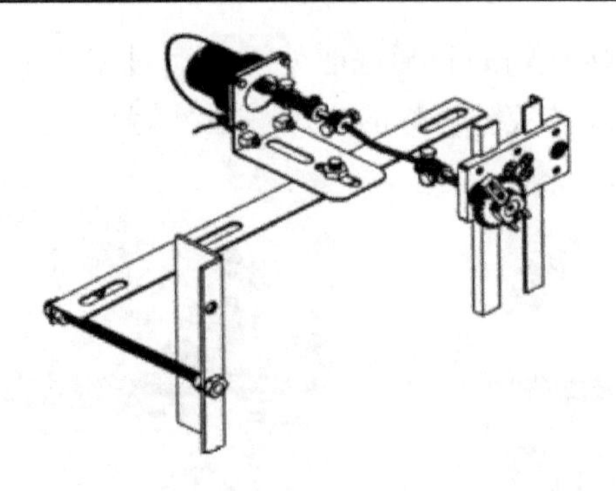

图 4-14　电机驱动齿轮和曲柄的安装

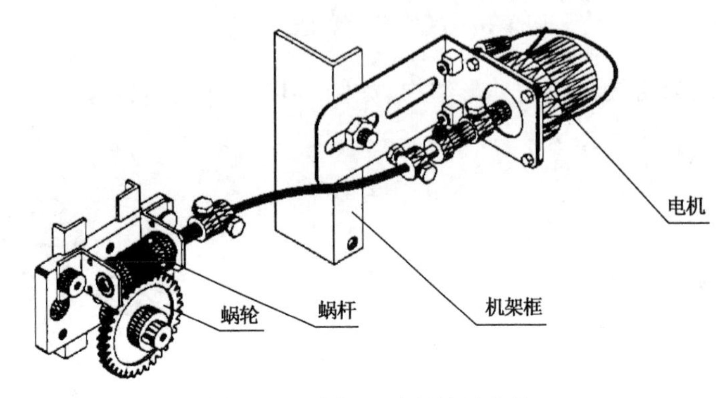

图 4-15　电机驱动蜗轮的安装

图 4-16　7 种行程的气缸系列

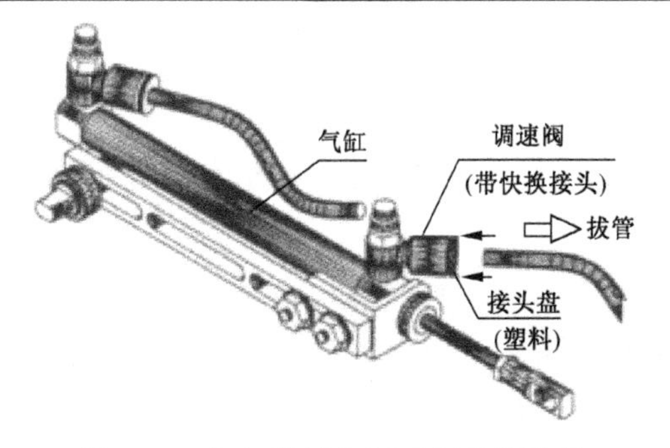

图 4-17　气缸铰链与活动杆件的连接

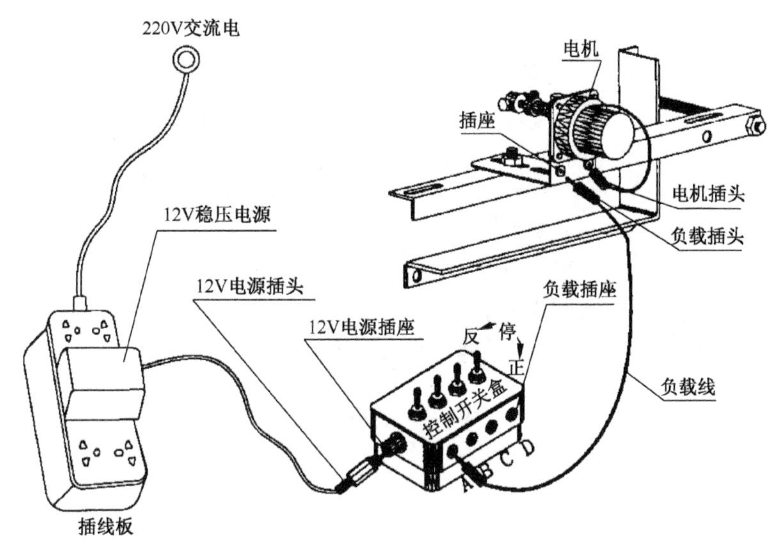

图 4-18　电机驱动单元的控制示意图

如图 4-19 所示为气缸驱动单元的控制示意图。

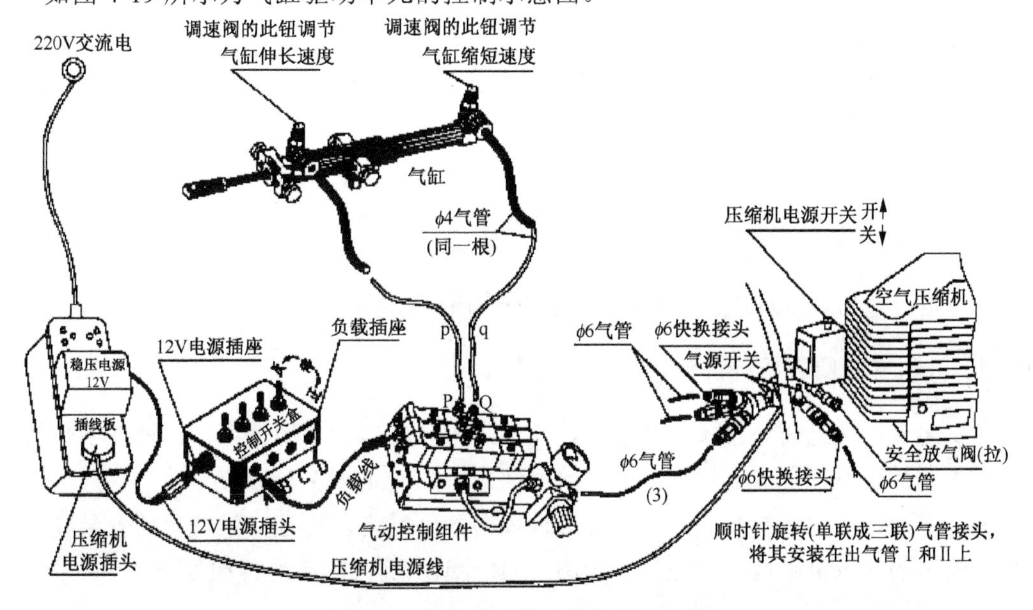

图 4-19　气缸驱动单元的控制示意图

4）实验设备的工作原理

根据设计完成的机械系统运动方案，用此实验台搭建物理样机模型，装载机搭接模型如图 4-20 所示。

图 4-20 装载机搭接模型

4.1.4 实验步骤

1．根据给定的设计题目要求，构思机构运动方案，画出机构示意图。
2．对所构思出的机构方案进行论证及评价，选出较佳方案。
3．详细设计所确定的机构，按比例绘制出机构的运动简图。
4．用“机械系统运动方案创新设计实验台”进行机构的组装及运动实验。
5．对机构的设计方案提出改进意见。
6．撰写实验报告。

4.1.5 设计任务题目

下面结合生活和工程应用，给出了 10 个设计任务题目。

题目 1 飞机襟翼展开机构设计

题目简介：飞机在正常飞行状态时，襟翼与机翼较为紧密地接触，即处在Ⅰ位置。在某些飞行状态下，则要求将襟翼展开放下到Ⅱ位置，如图 4-21 所示。

设计要求：固定铰链要安装在机翼允许安装的区域内，而运动铰链也要安装在襟翼上允许安装的区域范围内，其他尺寸如图 4-21 所示，机构的许用传动角$[\gamma] = 50°$。

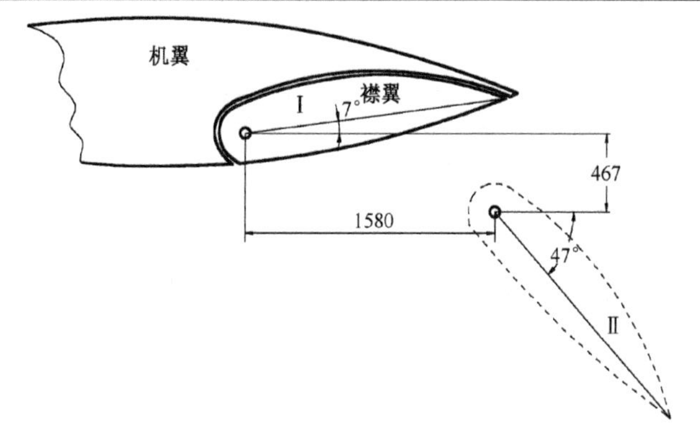

图 4-21 飞机襟翼展开机构设计要求

题目 2 飞机起落架收放机构设计

题目简介：飞机起落架收放机构设计要求如图 4-22 所示。飞机起飞和着陆时，须在跑道上滑行，起落架放下机轮着地，如图 4-22 中实线所示，此时油缸提供平衡力；飞机在空中时须将起落架收进机体内，如图 4-22 中虚线所示，此时油缸为主动构件。

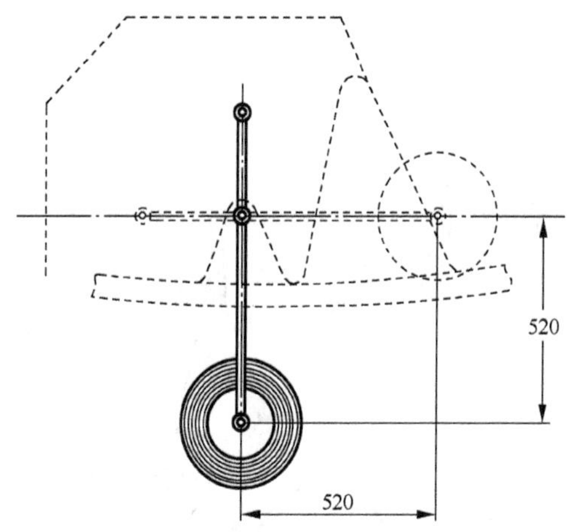

图 4-22 飞机起落架收放机构设计要求

设计要求：起落架放下以后，只要油缸锁紧长度不变，则整个机构成为自由度为零的刚性架且处在稳定的死点位置，活塞杆伸出缸外。起落架收起时，活塞杆向缸内移动，所有构件必须全部收进缸体以内。不超出虚线所示区域。采用平面连杆机构。最小传动角大于或等于 30°。已知数据如图 4-22 所示，未注尺寸在图上量取后按比例计算得出。

题目 3 飞机飞行高度指示机构设计

题目简介：如图 4-23 所示，因飞行高度的不同，大气压力发生变化，会使飞机上的膜盒产生变形，从而使 C 点产生位移。现在要求设计一个高度指示机构，将 C 点的位移转化成仪表指针 DE 的转动，进而指示飞机的飞行高度，如图 4-23 所示。

设计要求：铰链点 C 的最大位移为 10mm，对应仪表指针的转角为 90°。要求机构具有良好的传动性能，机构的许用传动角$[\gamma] = 40°$。

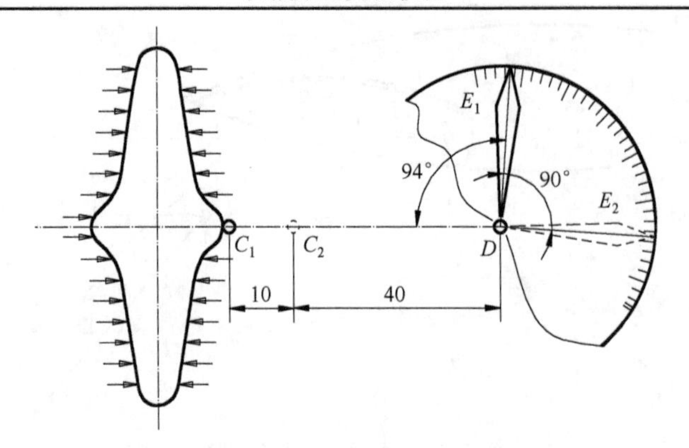

图 4-23　飞机飞行高度指示机构设计要求

题目 4　改型理发椅机构设计

题目简介：为使理发椅适合美容业的需要且更加舒适和便于操作，现进行改型设计，用单一手柄可摇动实现坐（Ⅰ位置）、半躺（Ⅱ位置）和全躺（Ⅲ位置）三种状态，如图 4-24 所示。有关尺寸如图4-24 所示，其他几何尺寸自行确定并标注。

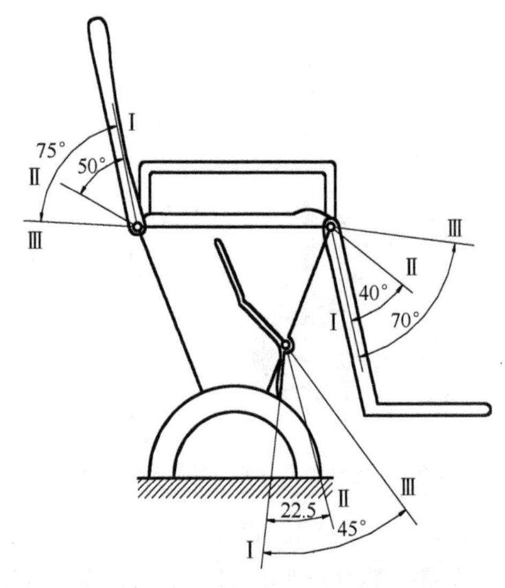

图 4-24　改型理发椅机构设计要求

设计要求：手柄的各位置分别对应于靠背和踏脚的各位置，机构的许用传动角$[\gamma] = 30°$。

题目 5　双人沙发床机构设计

题目简介：双人沙发床机构设计是要完成既能作沙发，又能作双人床使用的一种多功能家具的设计。如图 4-25 所示，当构件 2 处于抬起位置时，构件 1 则处于与水平面具有 5°夹角的位置，此时该家具用作沙发。在将构件 2 由抬起位置放置到水平位置的过程中，构件 1 绕 A 点转动到处于水平位置，此时该家具用作双人床。

设计要求：双人沙发床使用状态及原始参数如图 4-25 所示。机构在沙发床侧挡板大小(660mm×350mm)的范围内运动。要求沙发和双人床之间转换方便，受力合理，稳定可靠。

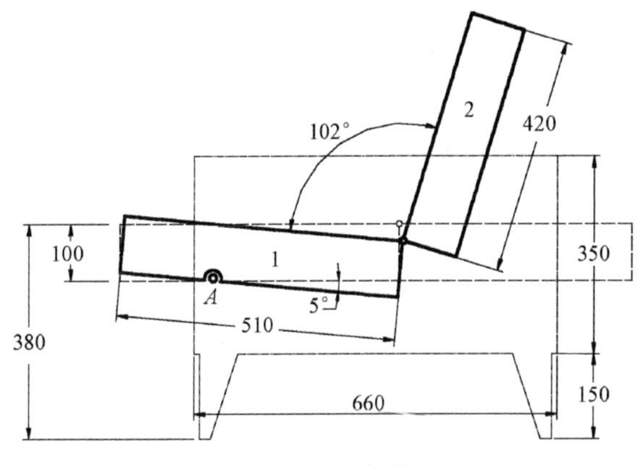

图 4-25 双人沙发床机构设计要求

题目 6 听课折椅机构设计

题目简介：听课折椅是一种既能坐，又能放书包的多功能椅子。结构如图 4-26 所示。书写扶手板可用来记笔记，书包架可用来放书包，不用时可以完全折叠。

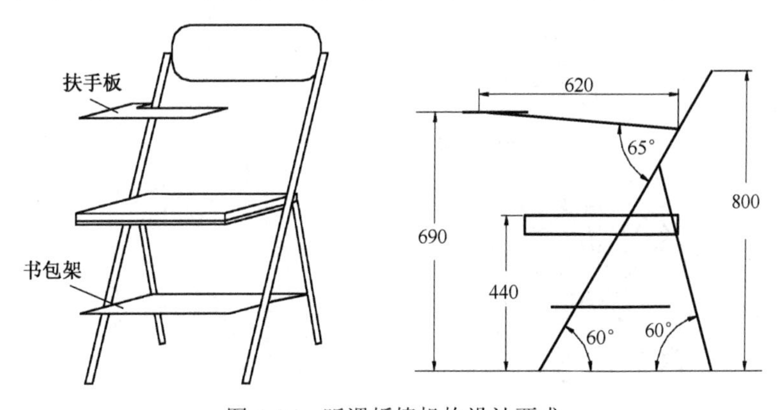

图 4-26 听课折椅机构设计要求

设计要求：听课折椅使用状态及原始参数如图 4-26 所示。所设计的机构要注意防止杆件的干涉，受力要合理。

题目 7 载重汽车的起重后板

题目简介：在汽车大装卸作业中，常需要将货物由地面装到车厢上或将车厢上的货物卸到地面上。如果没有叉车，则装卸费时费力。现考虑利用载重汽车的车厢后板设计出一个起重平台来解决这个问题。要求起重后板在起升过程中保持水平(如位置 1 和位置 2)，在完成起升任务后可与车厢自动合拢(如位置 3)，如图 4-27 所示。

设计要求：汽车车厢的参数如图 4-27 所示。设计要求：起升、合拢所用动力部件采用伸缩油缸，油缸安装在车厢下面，且后板与车厢合拢后，两只油缸的活塞应缩进油缸体内以防止在行车过程中飞石等碰伤活塞杆。起升机构、合拢机构的许用传动角$[\gamma] = 40°$。

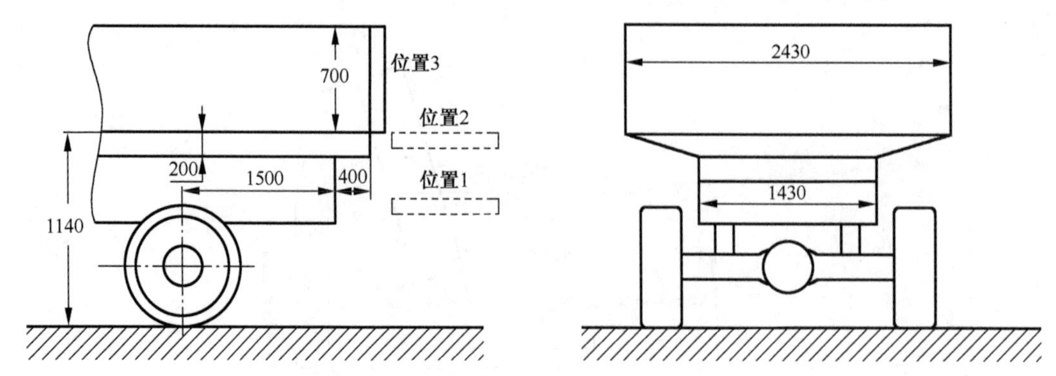

图 4-27　载重汽车的起重后板操作设计要求

题目 8　新型自行车机构设计

题目简介：目前人们所骑的自行车都是用脚蹬转中轴，通过链条传动带动后轮转动。现在设想设计一种新型自行车传动机构，骑车者两脚分别蹬踏左右两个摇杆，再通过传动机构带动后轮转动，从而驱动自行车前进，如图 4-28 所示。

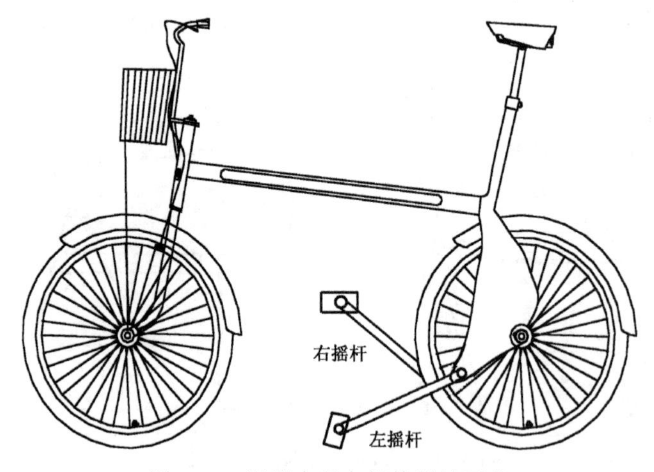

图 4-28　新型自行车机构设计要求

设计要求：新型自行车原始参数如图 4-28 所示。要求所设计的机构为低副机构，并注意防止杆件的干涉，传动性能良好。机构的许用传动角$[\gamma] = 40°$。

题目 9　自动钻床送进机构设计

题目简介：钻床是一种常用的孔加工设备。试设计一钻床送进机构，如图 4-29 所示。机构的输入运动为构件 1 的匀速回转运动，输出运动为钻头的往复直线运动。

设计要求：钻头的行程为 320mm。钻头在对工件进行钻孔过程中，要求以近似匀速送进。为提高工作效率，要求机构具有行程速比系数 $K = 2$。另外，还要求机构传动性能良好。

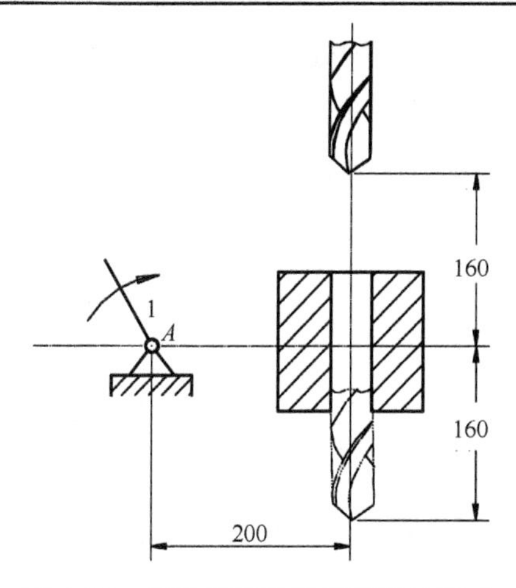

图 4-29　自动钻床送进机构设计要求

题目 10　钢板翻转机构设计

题目简介：钢板翻转机构的功用是将钢板翻转 180°。如图 4-30 所示，当钢板 T 由辊道被送至左翻板 W_2 后，翻板 W_2 开始顺时针方向转动，转至距铅垂位置偏左 10°时，恰好与逆时针方向转动的右翻板 W_1 会合。接着 W_1 和 W_2 一起同速顺时针转至距铅垂位置偏右 10°时，完成将钢板由在翻板 W_2 放到翻板 W_1 的传递。然后翻板 W_2 折回到水平位置，与此同时，翻板 W_1 顺时针方向继续转动至水平位置，从而完成将钢板 T 翻转 180°的任务。

设计要求：每分钟翻钢板 5 次，机构的许用传动角$[\gamma] = 50°$。

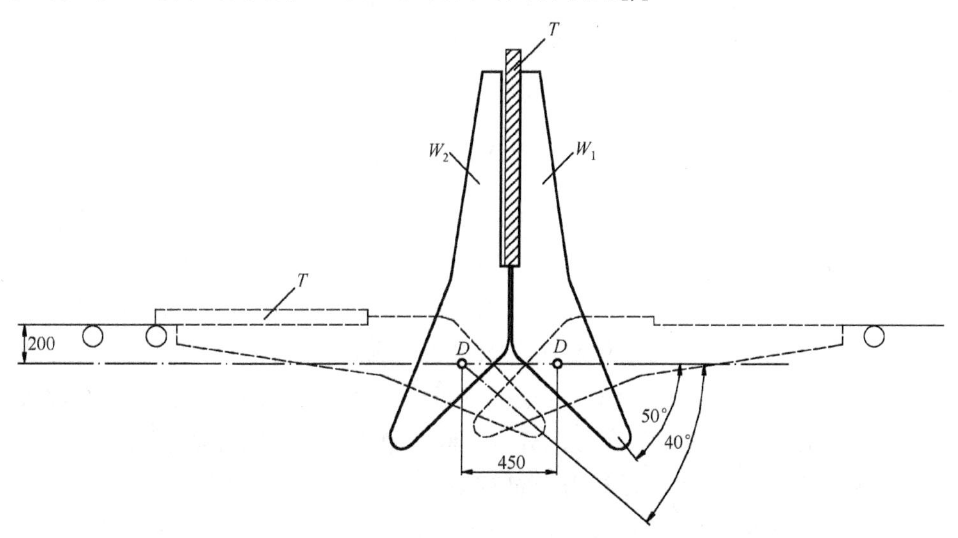

图 4-30　钢板翻转机构设计要求

4.1.6　牛头刨床主体机构设计实例

为了对连杆机构的设计过程有更加清楚的认识，这里给出了一个牛头刨床主体机构设计的实例。

题目简介：牛头刨床是一种用于切削平面的加工机床，它是依靠刨刀的往复运动和支承并固定工件的工作台的单向间歇移动来实现对平面的切削加工，如图 4-31 所示。刨刀向左运动时切削工件，向右运动时为空回。

设计要求：刨刀所切削的工件长度 L = 180mm，并要求刀具在切削工件前后各有一段约 0.05L 的空刀行程；每分钟刨削 30 次；行程速比系数 K = 2。为保证加工质量，要求刨刀在工作行程时速度比较均匀。

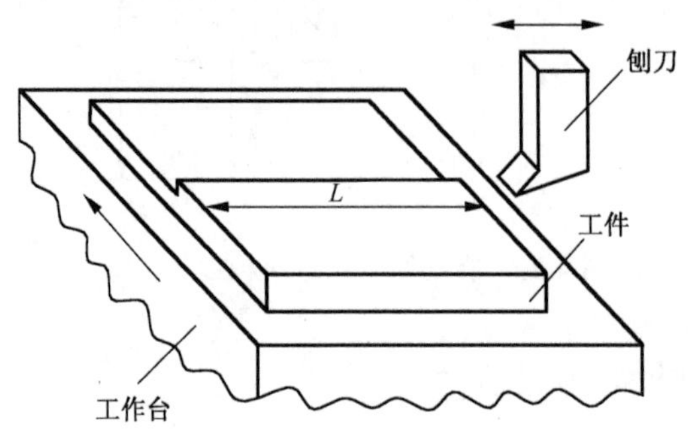

图 4-31　牛头刨床主体机构设计要求

设计过程如下。

1）构思刨削主体机构运动组成方案，画出机构示意图

由设计要求可知，刨削主体机构系统的特点是：在运动方面，由曲柄的回转运动变换成具有急回特性的往复直线运动，且要求执行件行程较大，速度变换平缓；在受力方面，由于执行件(刨刀)受到较大的切削力，故要求机构具有较好的传力特性。根据对牛头刨床主体刨削运动特性的要求，可以列出以下几个运动方案，如图 4-32 所示。

2）对所构思出的机构方案进行论证及评价，选出较佳方案

方案(a)采用偏置曲柄滑块机构。结构最为简单，能承受较大载荷，但其存在有较大的缺点。一是由于执行件行程较大，故要求有较长的曲柄，从而带来机构所需活动空间较大；二是机构随着行程速比系数 K 的增大，压力角也增大，使传力特性变坏。

方案(b)由曲柄摇杆机构与摇杆滑块机构串联而成。该方案在传力特性和执行件的速度变化方面比方案(a)有所改进，但在曲柄摇杆机构 $ABCD$ 中，随着行程速比系数 K 的增大，机构的最大压力角仍然较大，而且整个机构系统所占空间比方案(a)更大。

方案(c)由摆动导杆机构和摇杆滑块机构串联而成。该方案克服了方案(b)的缺点，传力特性好，机构系统所占空间小，执行件的速度在工作行程中变化也较缓慢。

方案(d)由摆动导杆机构和齿轮齿条机构组成。由于导杆作往复变速摆动，在空回行程中导杆角速度变化剧烈，虽然回程中载荷不大，但齿轮机构会受到较大的惯性冲击，而且在工作行程开始也会突然受到较大切削力的冲击，由此容易引起轮齿的疲劳折断，而且还会引起噪声和振动。此外，扇形齿轮和齿条的加工也较为复杂，成本较高。

方案(e)由凸轮机构和摇杆滑块机构所组成。由于凸轮与摇杆滚子也为高副接触，在

工作行程开始也会突然受到较大切削力冲击，由此引起附加动载荷，致使凸轮接触表面的磨损和变形加剧。当然，此方案的优点是：容易通过凸轮轮廓设计来保证执行件滑块在工作行程中作匀速运动。

比较以上 5 种方案，从全面衡量得失来看，方案(c)作为刨削主体机构系统较为合理。

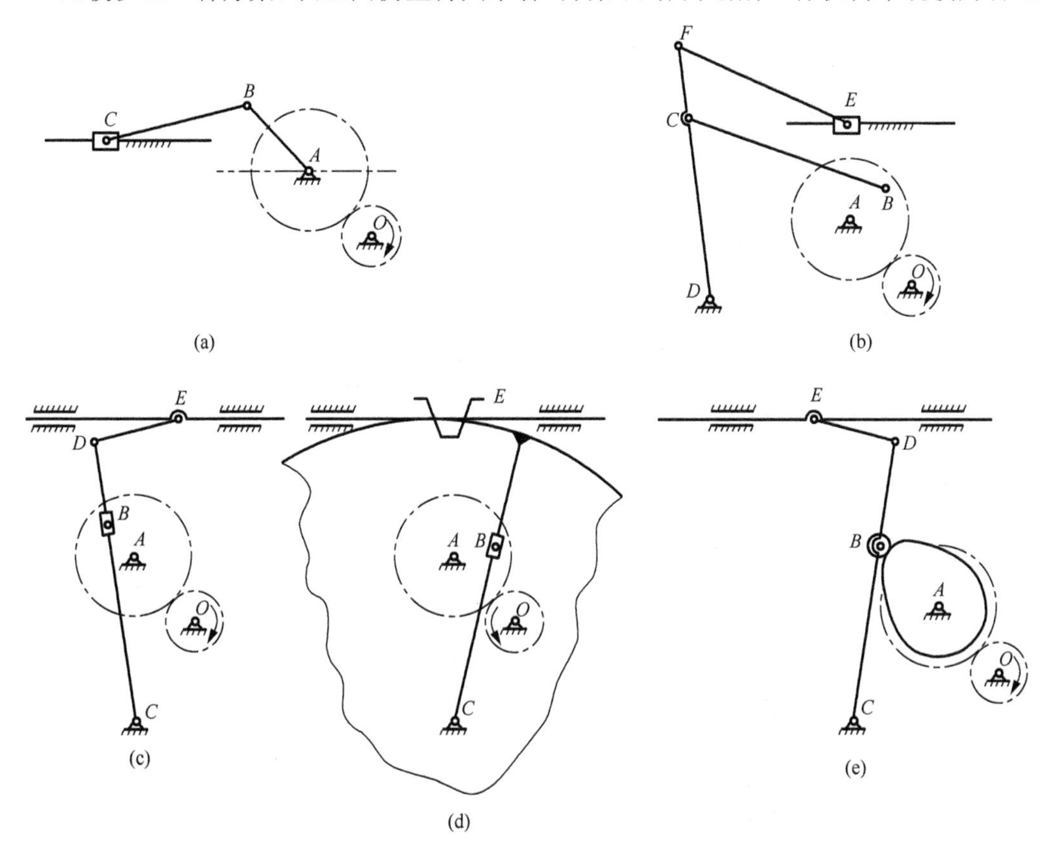

图 4-32　刨削主体机构运动组成方案

3）详细设计所确定的机构

方案确定之后，进行详细设计，得到的刨削主体机构设计图如图 4-33 所示。

(1) 根据运动设计要求($K=2$)，可得到该机构的极位夹角 θ 为

$$\theta = 180^\circ \frac{K-1}{K+1} = 180^\circ \frac{2-1}{2+1} = 60^\circ$$

(2) 由导杆机构的运动特性可知，导杆的角行程 $\psi = \theta = 60^\circ$，由此可得到导杆的两个极限位置 CD_1 和 CD_2。

(3) 根据运动要求，可得到刨刀的行程 H 为

$$H \geqslant L + 2\times 0.05\times L = 180 + 2\times 0.05\times 180 = 198(\text{mm})$$

取 $H=200\text{mm}$，由此可确定铰链 D 的相应位置 D_1 和 D_2(D_1 和 D_2 两点的水平距离为 H)。

(4) 为使机构在运动过程中具有良好的传力特性，特要求设计时使得机构的最大

压力角具有最小值，因此经分析得出：只有将构件5的移动导路中心线取在图示的位置(即 D_1 和 D_3 两点铅垂距离的中点位置)，才能保证机构运动过程的最大压力角 α_{max} 具有最小值。

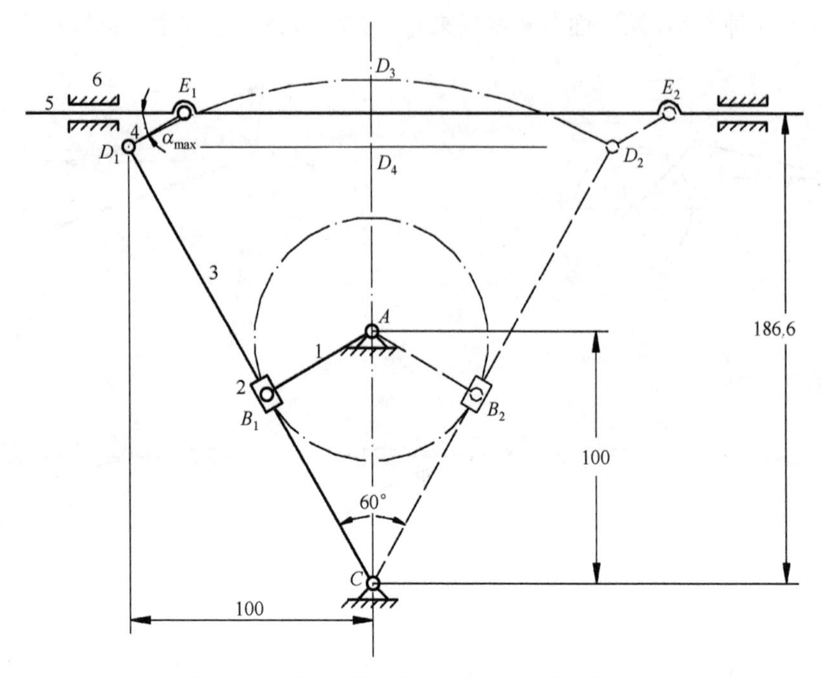

图 4-33　刨削主体机构(六杆导杆机构)设计图

(5) 选定机构的许用压力角 $[\alpha] = 30°$，则 $\alpha_{max} \leqslant [\alpha]$，因此构件 4 的长度为

$$l_4 = \frac{l_{D_3D_4}}{2\sin\alpha_{max}} \geqslant \frac{l_{D_3D_4}}{2\sin[\alpha]} = \frac{26.79}{2\sin 30^\circ} = 26.76(\text{mm})\text{，取 } l_4 = 27\text{mm}$$

(6) 合理选择固定铰链 A 的位置($l_{AC} = 100$mm)，则即可确定曲柄 AB 的长度为

$$l_1 = l_{AC}\sin 30^\circ = 50(\text{mm})$$

4) 机构的仿真分析

根据给定的刨削次数要求(30 次/分钟)，得到原动件 1 的角速度为 $\omega_1 = \pi$ rad/s。应用虚拟样机仿真软件(ADAMS)建立上述六杆导杆机构的仿真模型，并进行仿真分析，模型及分析结果如图 4-34 所示。

由仿真分析结果可以看出，刨刀在刨削工件时，刨刀的速度波动不是很大，并满足大行程的要求。这进一步验证该方案较优。

5) 用“机械系统运动方案创新设计实验台”进行组装实验

组装模型如图 4-35 所示。

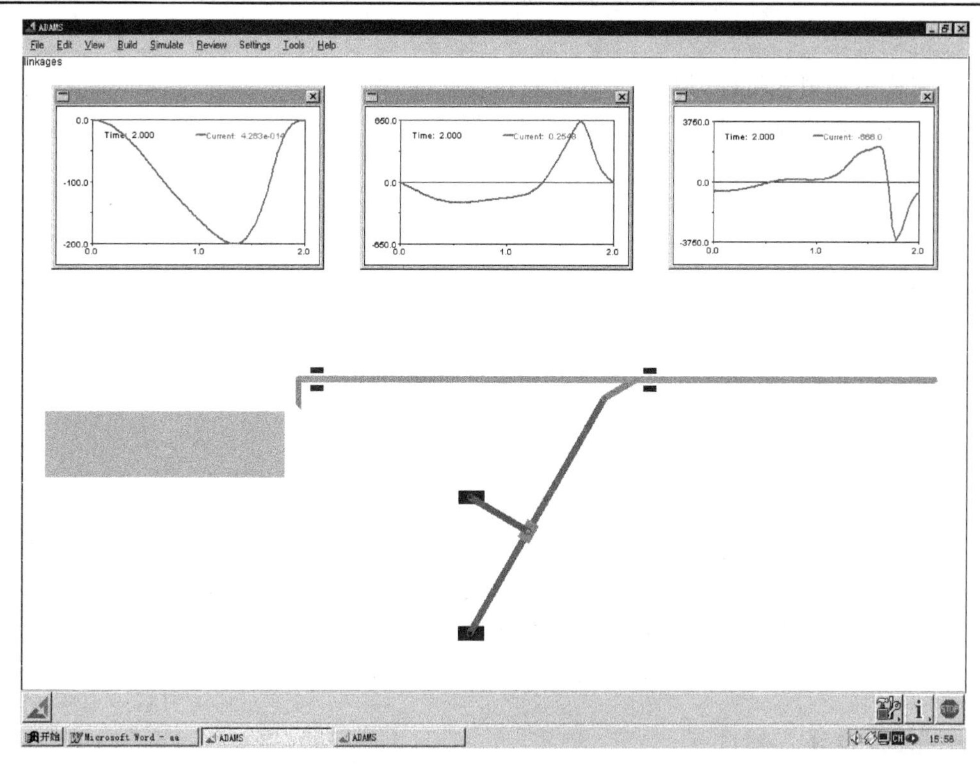

图 4-34　刨削主体机构虚拟样机模型机仿真结果

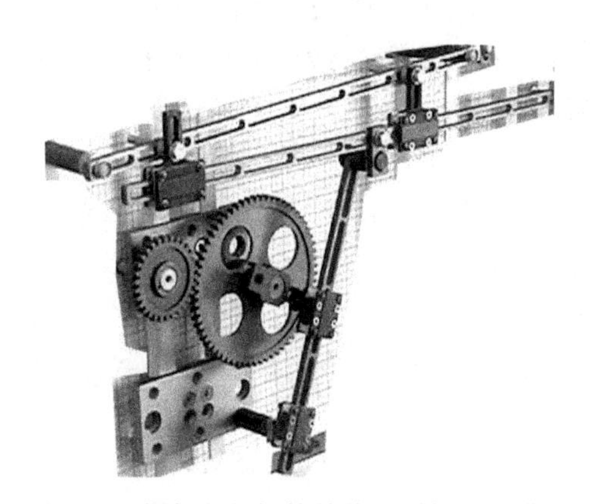

图 4-35　刨削主体机构的物理样机组装模型

4.1.7　实验报告

平面连杆机构的创新设计实验报告

实验名称						指导教师签字
班级		姓名		日期		

1. 实验目的。
2. 题目简介。

3．机构设计。
4．机构的虚拟样机模型及其设计结果仿真验证(自选)。
5．物理样机搭接模型(照片)。

4.2 凸轮机构设计

4.2.1 实验目的

1．巩固课堂所学的关于凸轮机构的设计原理和方法。
2．锻炼运用所学的知识解决实际问题的能力。
3．锻炼机构设计能力和动手实践能力。

4.2.2 实验要求

1．复习凸轮机构的设计原理和方法等有关内容。
2．在启动设备之前，要认真了解设备的构成，熟知设备的安全操作规程。
3．机构运转过程中，不允许触碰。

4.2.3 实验设备

本实验设备采用如图 4-36 所示的凸轮机构动态测试实验台，主要由直流调速电机、凸轮、直动从动件推杆、角位移传感器、线位移传感器等模块组成。实验台还配备了 4 种盘形凸轮，如图 4-37 所示。

图 4-36 凸轮机构动态测试实验台

图 4-37 盘形凸轮的实物样机

4.2.4　实验方法

如图 4-38 所示的凸轮机构中，已知凸轮的基圆半径 $r_b = 40$mm，滚子半径 $r_r = 7.5$mm，偏心距 $e = 5$mm，凸轮顺时针方向转动。从动件的行程 $h = 15$mm。实验步骤如下。

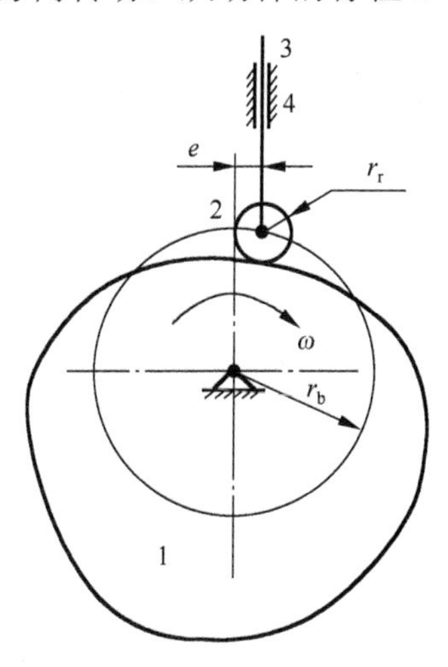

图 4-38　凸轮机构运动简图

(1) 在图 4-39 的 4 种从动件运动规律中任选 1 种作为所设计的凸轮机构的从动件运动规律。

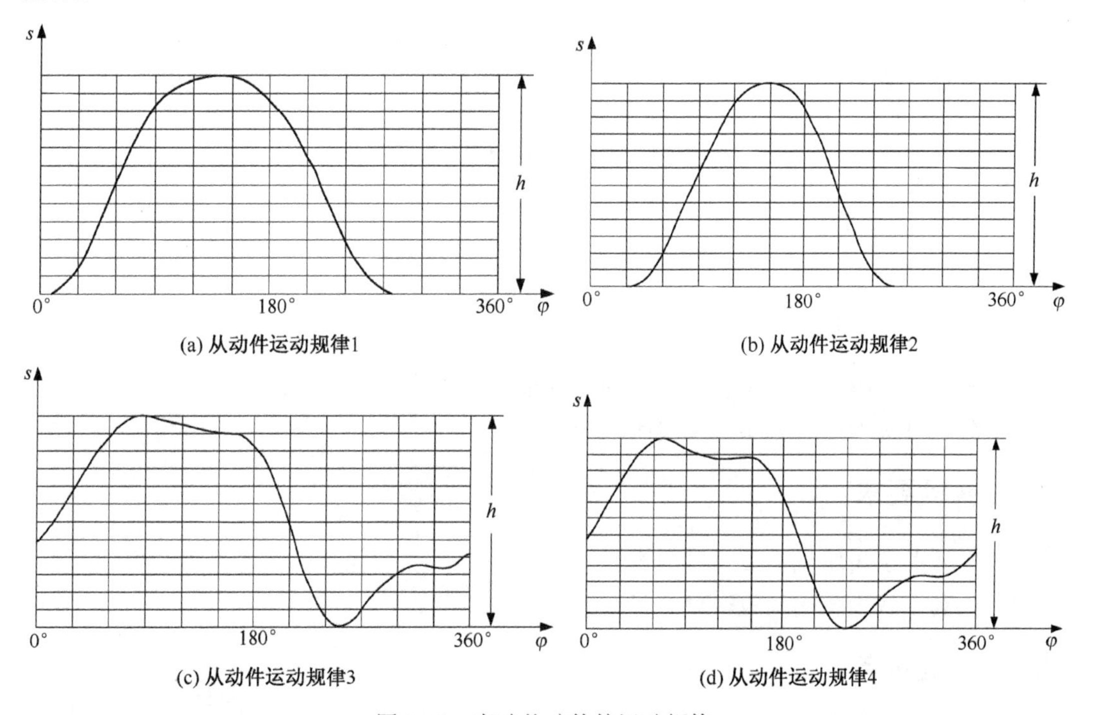

图 4-39　直动从动件的运动规律

(2) 应用图解法按长度比例尺μ_l = 0.001m/mm(即 1∶1 比例)设计凸轮廓线(要求保留作图过程)。

(3) 依据设计出的凸轮廓线，从图 4-37 中选择出与设计结果一致的凸轮。

(4) 将选出的凸轮安装到如图 4-36 所示的实验台上，启动实验台上的凸轮机构，测试出从动件的运动规律。

(5) 比较所测从动件位移线图与选定的位移线图的差别，分析误差来源。

(6) 撰写实验报告。

4.2.5 实验报告

凸轮机构设计实验报告

实验名称						指导教师签字
班级		姓名		日期		

1. 实验目的及实验任务。
2. 设计要求及机构的基本参数。
3. 选取的从动件的运动规律。
4. 凸轮机构的设计过程及设计结果。
5. 选取的实物凸轮照片。
6. 所测从动件的运动规律(位移、速度和加速度曲线)。
7. 比较所测从动件位移线图与选定的位移线图的差别，分析误差来源。
8. 实验总结。

4.3 齿轮机构设计

4.3.1 实验目的

1. 巩固课堂所学的关于齿轮机构设计原理和方法。
2. 锻炼运用所学的知识解决实际问题的能力。
3. 锻炼机构设计能力和动手实践能力。

4.3.2 实验要求

1. 复习关于齿轮机构设计的内容。
2. 认真了解设备的构成，熟知设备的安全操作规程。

4.3.3 实验设备

实验设备为图 4-40 所示的渐开线齿轮及其啮合参数测定实验仪。

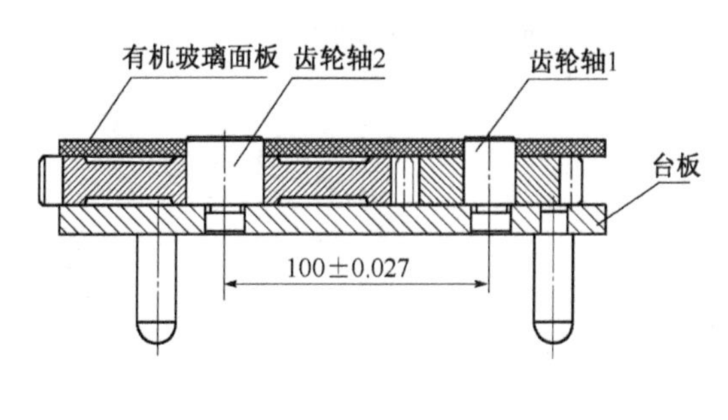

图 4-40　渐开线齿轮及其啮合参数测定实验仪

4.3.4　实验方法

试设计一对齿轮传动的减速器，如图 4-41 所示。已知：输入轴与输出轴的距离 a = 100mm，齿轮的模数为 m = 4mm。齿轮的材料为航空用硬铝 LY12，加工精度为 8-8-7GK 和 8-8-7EJ。

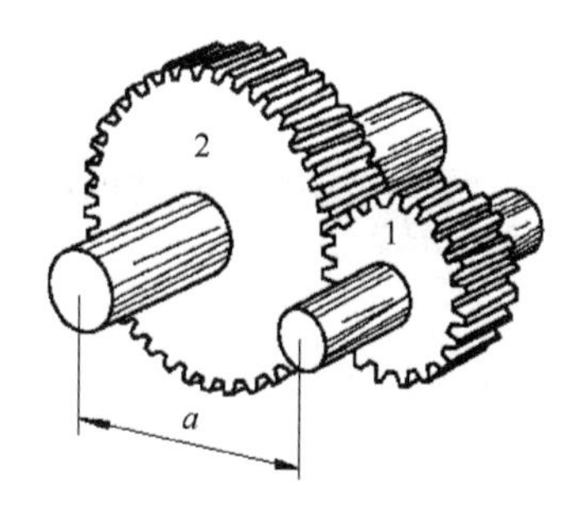

图 4-41　齿轮机构运动简图

从动齿轮的齿数分别为 35 和 27，减速器的传动比要求如表 4-1 所示。

表 4-1　减速器传动比要求

从动齿轮齿数	传动比
35	3/7
	35/16
27	27/23
	27/22

实验步骤如下。

(1) 在表 4-1 中选择一种传动比。

(2) 确定齿轮机构的传动类型。

(3) 设计这对齿轮，给出齿轮的基本参数(z、m、α、h_a^*、c^*，x)，并计算齿轮的几何尺寸。

(4) 计算齿轮传动的重合度。

(5) 根据齿数条件，在如图4-42所示的齿轮组中初步选择出该对齿轮。

图4-42　齿轮组

(6) 通过参数测量，确定所选齿轮的正确性。

(7) 将选择的齿轮安装在如图4-40所示的实验台上，转动这对齿轮，检验是否满足正确啮合条件。

(8) 画出齿轮传动的啮合图。

(9) 根据计算得到的齿轮几何尺寸，选择有机玻璃面板，安装到实验台上，验证(8)所画啮合图的正确性。

(10) 撰写实验报告。

4.3.5 实验报告

齿轮机构设计实验报告

实验名称						指导教师签字
班级		姓名		日期		

1．实验目的和内容。
2．齿轮机构的传动类型。
3．齿轮的基本参数(z、m、α、h_a^*、c^*，x)。
4．齿轮的几何尺寸，传动的重合度。
5．选择的齿轮。
6．齿轮在实验台上的安装及正确啮合条件检验。
7．齿轮传动的啮合图。
8．啮合图的正确性验证。
9．实验总结。

第 5 章　机械系统动力学

本章主要介绍刚性转子的动平衡实验和机械系统的周期性速度波动的调节实验。刚性转子的动平衡实验通过测定配重的大小和位置，实现刚性转子的动平衡设计。机械系统的周期性速度波动的调节实验通过选择许用的不均匀系数来计算飞轮的转动惯量，从而达到对机械系统主轴运转速度波动调节的目的。

5.1　刚性转子的动平衡

5.1.1　实验目的

1．巩固刚性转子动平衡的有关知识。
2．了解和认识刚性转子动平衡的机理及具体实验方法。
3．锻炼动手实践能力。

5.1.2　实验要求

1．复习有关机构平衡的知识。
2．了解实验设备的使用规定和安全事项。
3．实验设备开启后，不许触碰。

5.1.3　实验设备

实验设备为动平衡实验台。动平衡实验台有多种型号，但平衡的机理相同。下面给出 DPH-I 型智能动平衡实验系统的简要介绍。

该实验台的组成如图 5-1 所示。

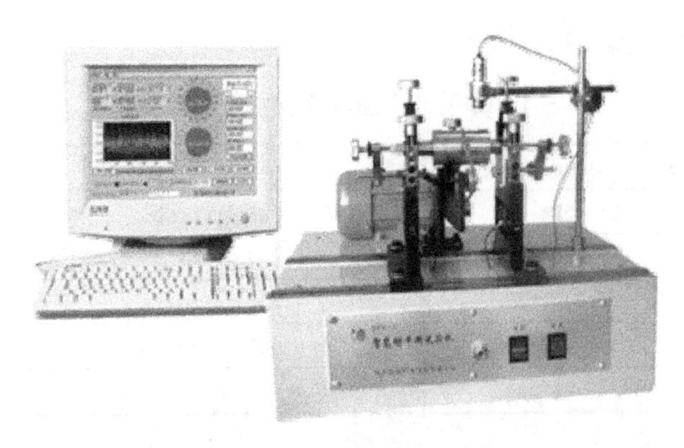

图 5-1　DPH-I 型智能动平衡实验台

实验台机械机构的组成如图 5-2 所示。

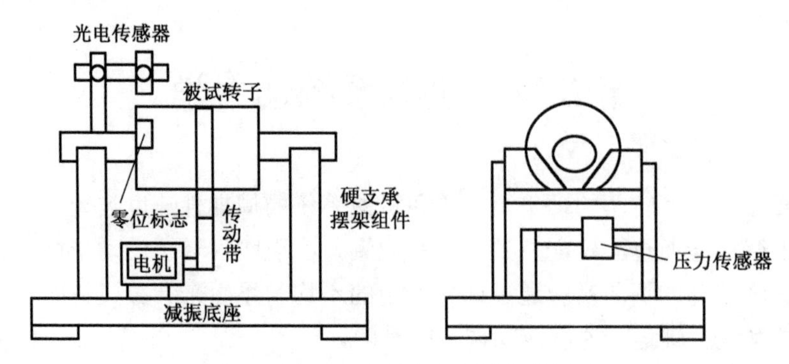

图 5-2　动平衡实验台机械结构的组成

实验台的测试系统由计算机、数据采集器、压电力传感器和相位传感器等组成，如图 5-3 所示。

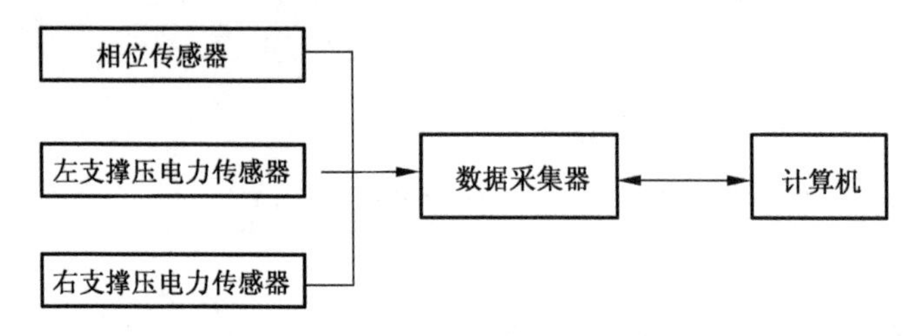

图 5-3　动平衡实验台测试系统的组成

当被测转子在部件上被拖动旋转后，由于转子的中心惯性主轴与其旋转轴线存在偏移而产生不平衡离心力，迫使支承作强迫振动，安装在左右两个硬支承机架上的两个有源压电力传感器感受此力而发生机电换能，产生两路包含有不平衡信息的电信号输出到数据采集装置的两个信号输入端；与此同时，安装在转子上方的光电相位传感器产生与转子旋转同频同相的参考信号，通过数据采集器输入到计算机。计算机通过采集器采集此 3 路信号，由虚拟仪器进行前置处理、跟踪滤波、幅度调整、相关处理、FFT 变换、校正面之间的分离解算及最小二乘加权处理等。最终算出左右两平衡面的配重(g)、校正角(°)，以及实测转速(r/min)。

实验设备的主要技术参数如表 5-1 所示。

表 5-1　转子动平衡实验台主要技术参数

外形尺寸	500mm×400mm×460mm	支承轴径范围	ϕ3～ϕ30mm
重　量	65kg	圈带传动处轴径范围	ϕ25～ϕ80mm
电机额定功率	120W	工件质量范围	0.1～5kg
电　源	AV220V/50Hz	平衡转速	1200r/min，2500r/min
工件最大外径	ϕ260mm	最小可达残余不平衡量	0.3g mm/kg
两支承间距离	50～400mm	一次减低率	≥90%

5.1.4　实验方法

1）系统的连线和开启

（1）接通实验台和计算机 USB 通信线。

（2）打开“测试程序界面”，然后打开实验台电源开关，打开电机电源开关，单击开始测试。

这时应看到绿、白、蓝 3 路信号曲线。如没有测试曲线，应检查传感器的位置是否放好。

（3）3 路信号正常后单击“退出测试”按钮，退出“测试程序”界面。

2）转子的模式选择

（1）双击桌面上的“动平衡实验系统”图标，打开如图 5-4 所示的面板。

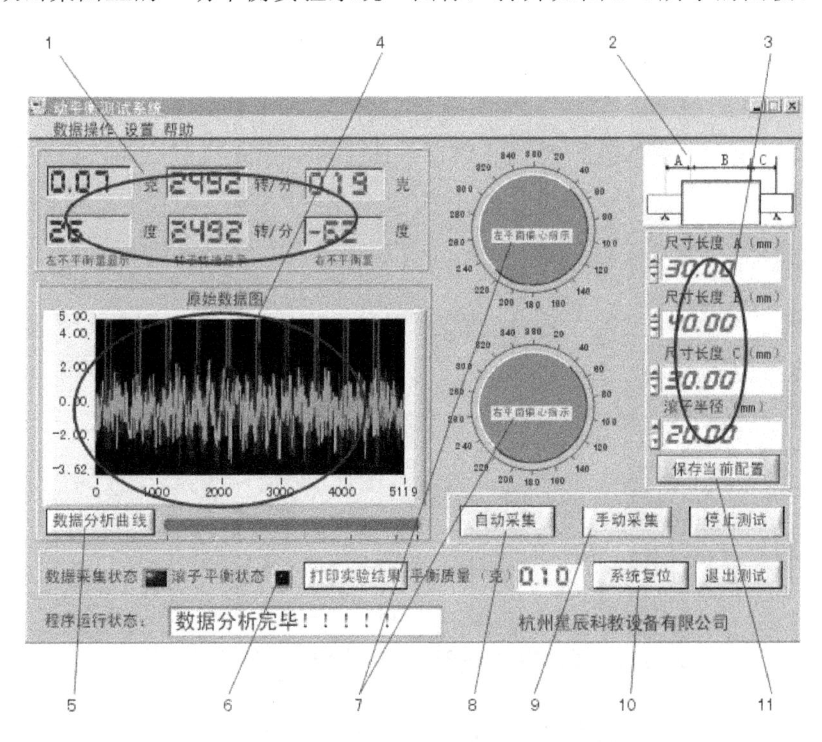

图 5-4　“动平衡测试系统”的虚拟仪器操作面板

1—测试结果显示区；2—转子结构显示区；3—转子参数输入区；4—原始数据显示区；5—数据分析曲线显示按钮；6—转子平衡（灰色为没有达到平衡；蓝色为已经达到平衡）；7—左右两面不平衡量角度指示图；8—自动采集按钮；9—单次采集按钮；10—复位按钮；11—转子几何尺寸保存按钮

（2）在“动平衡测试系统”的虚拟仪器操作面板上，选择：设置\模式设置。

（3）根据待平衡转子的形状，在“模式选择”面板（图 5-5）中，选择一种模式，如模式—A。

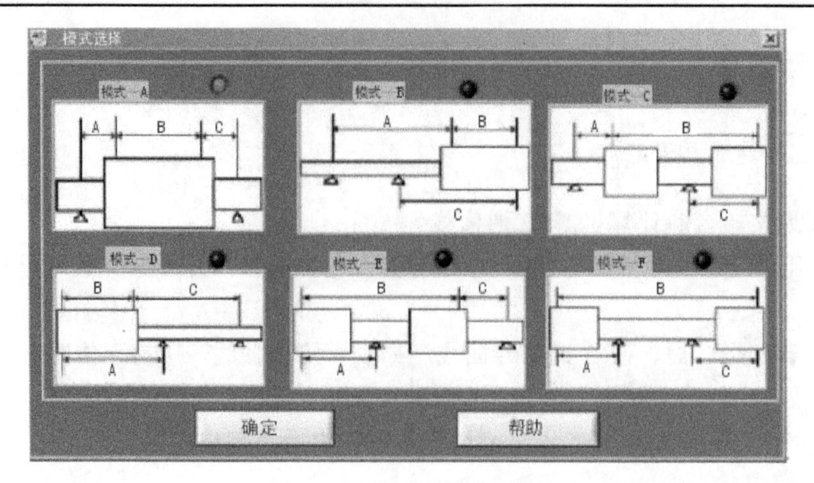

图 5-5 “模式选择”面板

(4) 单击“确定”按钮。在“动平衡测试系统”的虚拟仪器操作面板上，显示所选定的模型形态。

(5) 根据所要平衡转子的实际尺寸，将相应的数值输入到图 5-4 中 A、B 和 C 的文本框内。

(6) 单击“保存当前配置”按钮，仪器就能记录、保存这批数据，作为平衡件相应平衡公式的基本数据。

3) 系统标定

(1) 在“动平衡测试系统”的虚拟仪器操作面板上，选择：设置\系统标定。系统给出“仪器标定”面板，如图 5-6 所示。

图 5-6 “仪器标定”面板

(2) 将两块 2g 的磁铁分别放置在标准转子(已经动平衡了的转子)左右两侧的 0° 位置上。

(3) 在“仪器标定”面板中，输入如下数值。

左不平衡量(克)：2；左方位(度)：0；右不平衡量(克)：2；右方位(度)：0。

(4) 启动动平衡实验机，待转子转速平稳后，单击“开始标定采集”按钮。下方的红色进度条会作相应变化，上方显示框显示当前转速及正在标定的次数，标定值是多次测试的平均值。

(5) 标定结束后，单击“保存标定结果”按钮。

(6) 完成标定过程后，单击“退出标定”按钮。

注：标定测试时，在仪器标定面板“测试原始数据”框内显示的 4 组数据，是左右 2 个支承输出的原始数据。如在转子左右两侧，同一角度，加入同样重量的不平衡块，而显示的 2 组数据相差甚远，应适当调整两面支承传感器的顶紧螺丝，可减少测试的误差。

4) 转子平衡步骤

这里以加 1.2g 配重的方法为例，说明对一个新转子进行动平衡的步骤。

(1) 在转子的左边 0° 处放置 1.2g 的磁铁，在右边 270° 处放置 1.2g 磁铁。

(2) 启动动平衡实验机，待转子转速平稳运转后，单击“自动采集”按钮，采集 35 次。

(3) 数据比较稳定后单击“停止测试”按钮，这时数据测量结果如图 5-7 所示。

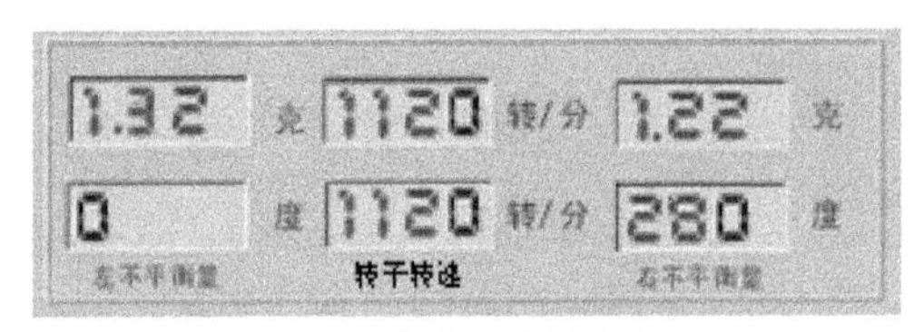

图 5-7　不平衡数据测量结果(一)

(4) 在左边 180° 处放 1.2g 磁铁，在右边 280° 的对面，即 100° 处放 1.2g 磁铁，单击“自动采集”按钮。采集 35 次后单击“停止测试”按钮，这时数据测量结果如图 5-8 所示。

图 5-8　不平衡数据测量结果(二)

若设定左、右不平衡量≤0.3g 时即为达到平衡要求。这时左边还没平衡，而右边已平衡。

(5) 在左边 283° 的对面，即 103° 处放 0.4g 磁铁，单击“自动采集”按钮，采集 35 次后单击“停止测试”按钮，这时数据测试结果如图 5-9 所示。

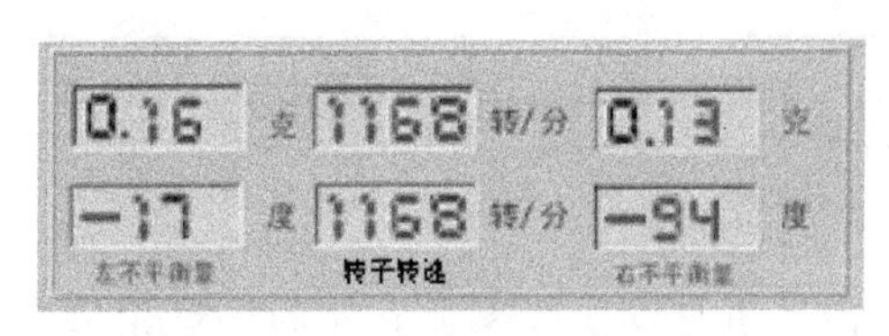

图 5-9　不平衡数据测量结果(三)

从图 5-9 可以看出，此时转子左右两边的不平衡量都小于 0.3g，“滚子平衡状态”面板出现红色标志。

(6) 单击“停止测试”按钮。

(7) 打开“打印试验结果”面板，出现“动平衡试验报表”，可以看到整个实验结果。

重要提示：

1. 动平衡实验台与计算机连接前必须先关闭实验台电机电源，插上 USB 通信线时再开启电源。在实验过程中要插拔 USB 通信线前同样应关闭实验台电机电源，以免因操作不当而损坏计算机。

2. 系统提供一套测试程序，实验之前进行测试，特别是装置进行搬运或进行调整后，请运行安装程序中提供的“测试程序”。运行转子机构，从曲线面板中可以看到 3 条曲线(1 条方波曲线、2 条振动曲线)，如果没有方波曲线(或曲线不是周期方波)，则应调整相位传感器使其出现周期方波信号。如果没有振动信号(或振动信号为一直线没有变化)，则应调整左右支架上的测振压电传感器预紧力螺母，使其产生振动信号，3 条曲线缺一不可。

5.1.5 实验报告

实验名称						指导教师签字
班级		姓名		日期		

1. 实验目的。
2. 题目简介。
3. 实验机构及其测试原理图。
4. 实验步骤。
5. 实验数据(填写于表 5-2 中)。

表 5-2　实验数据

实验次数	左侧平衡平面		右侧平衡平面	
	配重方位/(°)	配重质量/g	配重方位/(°)	配重质量/g
1				
2				
3				
4				
5				
…				

注：次数以达到平衡要求为标准

6. 思考题

(1) 哪些类型的试件需要进行动平衡实验？实验的理论依据是什么？

(2) 试件经动平衡后是否还要进行静平衡，为什么？

(3) 为什么偏重太大需要进行静平衡？

(4) 指出影响平衡精度的一些因素。

5.2　机械系统周期性速度波动的调节

5.2.1　实验目的

1．巩固课堂所学的机械系统动力学的有关知识。

2．熟练掌握机械系统周期性速度波动调节的原理和方法。

3．锻炼动手实践能力和对问题的分析能力。

5.2.2　实验要求

1．复习机械系统动力学的有关知识，特别是机械系统周期性速度波动调节的原理和方法。

2．初次使用实验设备时，需仔细阅读设备的使用说明书，特别是注意事项。

3．开机前的准备：

(1) 拆下有机玻璃保护罩用清洁抹布将实验台，特别是机构各运动构件清理干净，加少量 N68～N48 机油至各运动构件滑动轴承处；

(2) 面板上调速旋钮逆时针旋到底(转速最低)；

(3) 手动转动曲柄盘 1～2 周，检查各运动构件的运行状况，各螺母紧固件应无松动，各运动构件应无卡死现象。

一切正常后，方可开始运行按实验指导书的要求操作。

4．开机后注意事项：

(1) 开机后，人不要太靠近实验台，更不能用手触摸运动构件；

(2) 调速稳定后才能用软件测试。测试过程中不能调速，不然测试曲线会混乱，不能反映周期性；

(3) 测试时，转速不能太快或太慢。因传感器量程所限，若软件采集不到数据，将自动退出系统或死机。

5.2.3　实验设备

本实验设备采用如图 5-10 所示的实验台，其结构组成示意图如图 5-11 所示。

图 5-10　实验台

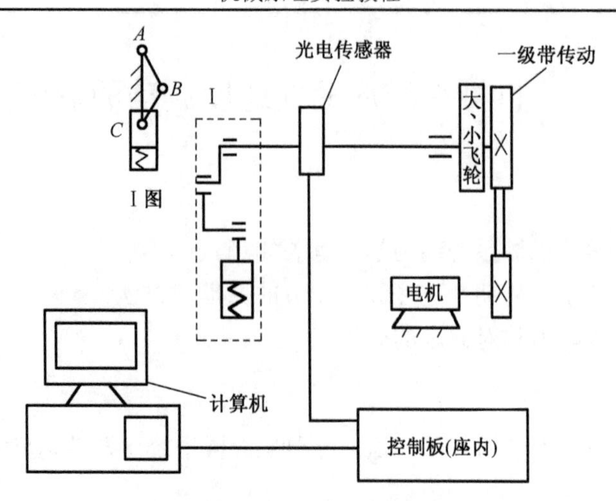

图 5-11　实验台结构组成示意图

实验台的主体机构为一偏置曲柄滑块机构，机构运动简图如图 5-12 所示。已知条件为曲柄长 l_{AB} = 50mm，连杆长 l_{BC} = 180mm；连杆质心 S_2 到 B 点的距离、l_{BS_2} = 45mm，偏距 e = 20mm；曲柄 1 的绕 A 轴的转动惯量 J_1 = 7040.125 kg·mm^2，连杆 2 的质量 m_2 = 0.579kg，连杆绕质心 S_2 的转动惯量 J_{S_2} = 0.000810 kg·mm^2，滑块质量 m_3 = 0.335kg。

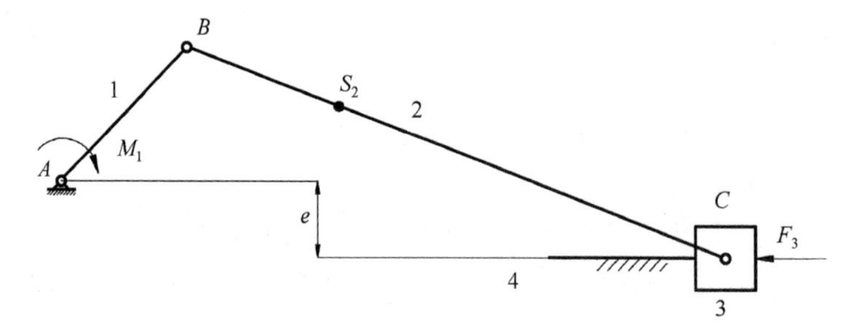

图 5-12　偏置曲柄滑块机构运动简图

5.2.4　理论基础

在机械系统运行的一个周期中，最大动能 $E_{\max}$ 与最小动能 $E_{\min}$ 之差称为最大盈亏功 $[W]$，即

$$[W]=\frac{1}{2}J_0(\omega_{0\max}^2-\omega_{0\min}^2)=\frac{1}{2}(J_0+J_f)(\omega_{\max}^2-\omega_{\min}^2)$$

式中，J_0 为机械系统的等效转动惯量(kg·mm^2)；

J_f 为飞轮的转动惯量(kg·mm^2)；

$\omega_{0\max}$ 为未安装飞轮时主轴的最大角速度(rad/s)；

$\omega_{0\min}$ 为未安装飞轮时主轴的最小角速度(rad/s)；

$\omega_{\max}$ 为安装飞轮时主轴的最大角速度(rad/s)；

$\omega_{\min}$ 为安装飞轮时主轴的最小角速度(rad/s)。

进一步推导得飞轮的转动惯量 J_f 为

$$J_f = \frac{J_0(\omega_{0max}^2 - \omega_{0min}^2)}{2\delta\omega_m^2}$$

或

$$J_f = \frac{450J_0(\omega_{0max}^2 - \omega_{0min}^2)}{\delta\pi^2 n_m^2}$$

式中，n_m 为主轴的转速(r/min)。

当给定机械系统主轴的转速 n_m，给定(或计算得到)机械系统的等效转动惯量 J_0，通过实际测量可得到未安装飞轮时主轴的最大角速度 ω_{0max} 和最小角速度 ω_{0min}，然后对应不同的许用不均匀系数[δ]，即可求得所要安装的飞轮的转动惯量 J_f

$$J_f = \frac{450J_0(\omega_{0max}^2 - \omega_{0min}^2)}{[\delta]\pi^2 n_m^2}$$

确定飞轮的转动惯量后，便可根据所希望的飞轮结构，按理论力学中有关不同截面形状的转动惯量计算公式，求出飞轮的主要尺寸。

5.2.5 实验方法

1. 曲柄 1 从水平位置开始，按 30° 的间隔，计算曲柄为转换件时的等效转动惯量 J_e 的大小，填于表 5-3，并求出等效转动惯量的平均值 J_0。

表 5-3 等效转动惯量 J_e 的计算结果

曲柄转角 φ_1/(°)	等效转动惯量 J_e/($kg{\cdot}mm^2$)	曲柄转角 φ_1/(°)	等效转动惯量 J_e/($kg{\cdot}mm^2$)	曲柄转角 φ_1/(°)	等效转动惯量 J_e/($kg{\cdot}mm^2$)
0		120		240	
30		150		270	
60		180		300	
90		210		330	
等效转动惯量的平均值 J_0/($kg{\cdot}mm^2$)					

2. 不安装飞轮(图 5-13)，启动设备，将主轴(曲柄)的转速调到 n_m = 120r/min，待机器稳定运动后，测量得出主轴(曲柄)的角速度曲线，假设所得为如图 5-14 所示的曲线，得到未安装飞轮时主轴的最大角速度 ω_{0max} 和最小角速度 ω_{0min} 值，获取或计算得出不均匀系数 δ_0 的大小。

3. 在表 5-4 中选取一个许用的不均匀系数[δ]，计算出在主轴转速为 n_m = 120r/min 时所需要安装飞轮的转动惯量 J_f 的大小。

4. 选取飞轮的材料为钢(密度 ρ = 7.8kg/mm^3)，根据飞轮的结构形式，设计计算出飞轮的几何尺寸。依据所计算的飞轮几何尺寸，在飞轮库(图 5-15)中选取满足速度波动调节要求的飞轮(或直接依据计算出的飞轮转动惯量 J_f 来选取飞轮)。

图 5-13　不安装飞轮时的实验台

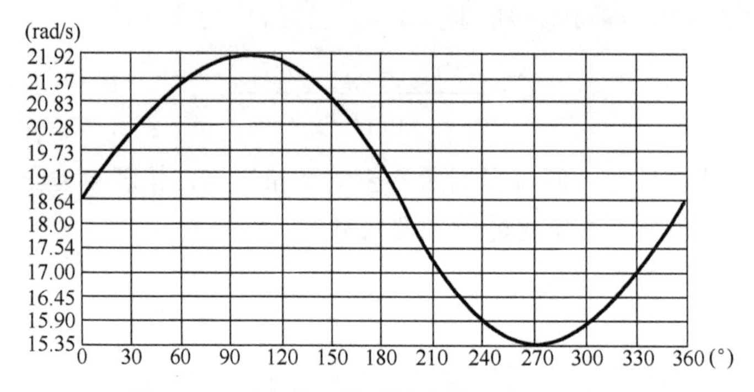

图 5-14　不安装飞轮时的主轴速度测试曲线

表 5-4　许用不均匀系数[δ]取值

0.5	0.45	0.40	0.35	0.30	0.25

图 5-15　飞轮库(大小不同转动惯量的 11 个飞轮)

5．将飞轮安装到实验台上(图 5-16)，启动设备，将主轴(曲柄)的转速调到 n_m = 120r/min，待机器稳定运动后，测量得出主轴(曲柄)的角速度曲线，假设如图 5-17 所示，得到安装飞轮时主轴的最大角速度ω_{max}和最小角速度ω_{min}值，计算得出不均匀系数δ的大小。

图 5-16　安装飞轮时的实验台

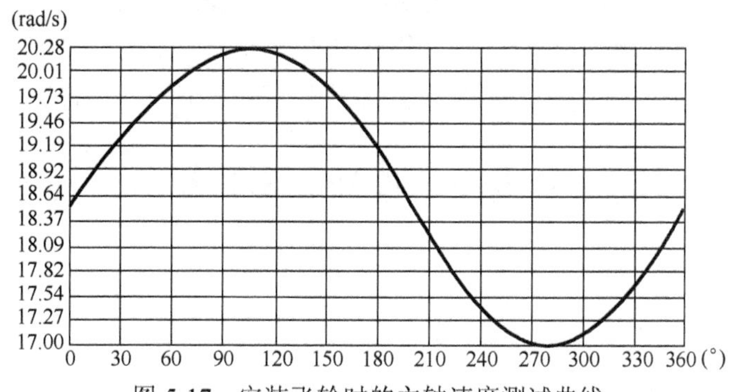

图 5-17　安装飞轮时的主轴速度测试曲线

6．判断此飞轮的速度波动调节是否满足要求。

7．将主轴(曲柄)的转速调到 n_m = 150r/min，待机器稳定运动后，测量得出主轴(曲柄)的角速度曲线，得到主轴的最大角速度 ω_{max} 和最小角速度 ω_{min} 值，计算得出不均匀系数 δ 的大小。

5.2.6　实验报告

机械系统周期性速度波动的调节实验报告

实验名称						指导教师签字
班级		姓名		日期		

1．实验目的和实验任务。

2．机械速度波动调节的基本原理。

3．机构等效转动惯量的计算(完成表 5-3 的填写)。

4．机构在未安装飞轮时的主轴速度测试结果。

5．选定的许用不均匀系数值。

6．计算飞轮的转动惯量。

7．机构在安装飞轮时的主轴速度测试结果。

8．比较速度不同，其他条件不变的情况下，速度波动调节的效果，分析速度大小对速度波动调节效果的影响。

第6章　机构的虚拟样机设计与仿真分析

虚拟样机技术以其高效率、低成本的优越性被广泛应用在机械系统的设计分析与仿真验证中。本章将以ADAMS（Automatic Dynamic Analysis of Mechanism System）软件为平台，通过学习连杆机构的虚拟样机建立与仿真方法、凸轮机构的设计方法、转子静平衡和动平衡虚拟样机仿真验证，以及周期性速度波动调节的虚拟样机仿真验证，并进一步通过完成相应的虚拟样机仿真实验，掌握应用先进的虚拟样机技术对机构进行虚拟样机建模，虚拟样机设计、仿真分析和结果验证的方法。达到具有将先进技术与经典理论相结合，高效、准确分析问题和解决问题的能力的目的。

6.1　平面连杆机构的设计与虚拟样机仿真验证

6.1.1　实验目的

1．巩固连杆机构的设计与分析的相关知识。
2．掌握应用ADAMS建立连杆机构虚拟样机及进行仿真分析验证的方法。
3．培养应用先进技术分析问题和解决问题的能力。

6.1.2　实验要求

1．复习有关平面连杆机构设计与分析的知识。
2．了解虚拟样机技术的相关知识和ADAMS软件的有关知识。
3．爱护实验室环境。

6.1.3　实验设备

ADAMS2010（或其他版本）软件及其安装运行所需的硬件（计算机）。ADAMS2010软件启动后的运行界面如图6-1所示。

6.1.4　实验实例

如图6-2所示为曲柄摇杆机构运动简图。已知各杆的长度为$l_1 = 120\text{mm}$，$l_2 = 250\text{mm}$，$l_3 = 260\text{mm}$，$l_4 = 300\text{mm}$，曲柄1匀速转动的角速度为$\omega_1 = 1\text{rad/s}$。

(1) 创建该机构的虚拟样机模型；

(2) 分析摇杆3的运动。

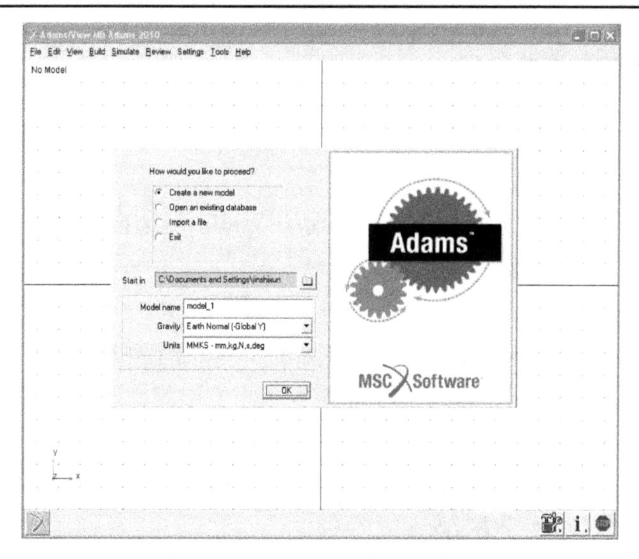

图 6-1　ADAMS 软件运行界面

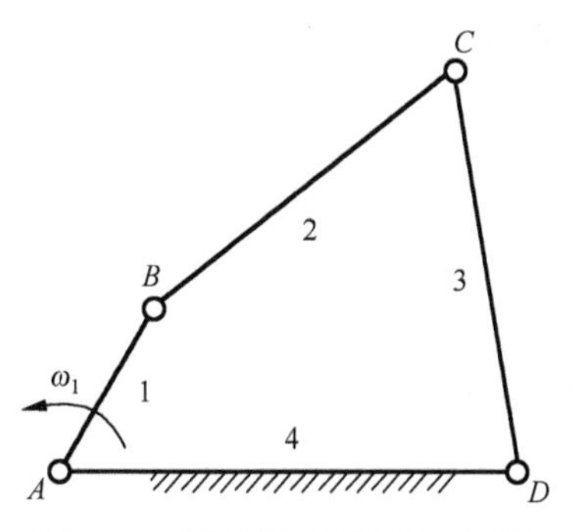

图 6-2　曲柄摇杆机构运动简图

1）启动 ADAMS

运行 ADAMS/Aview，出现如图 6-1 所示的运行界面。在如图 6-3 所示的 Create New Model 对话框中的 Model Name 文本框中输入：Crank_Rocker_Mechanism，单击 OK 按钮。

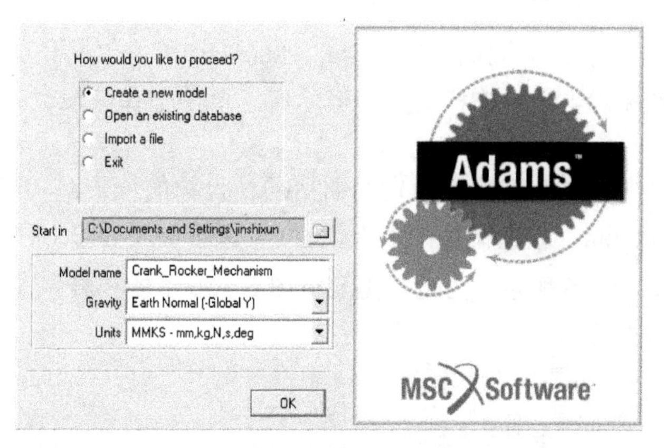

图 6-3　Create New Model 对话框

2）创建机构的虚拟样机模型

(1) 创建曲柄，如图 6-4 所示。

a．单击 Link 工具。

b．选中 Length 复选框，输入“120”；选中 Width 复选框，输入“12”；选中 Depth 复选框，输入“6”。

c．单击(0,0,0)位置。

d．水平右移光标，当出现连杆的几何形体后，单击工作区域。

PART_2 被创建出来。

将其重命名为 Crank。

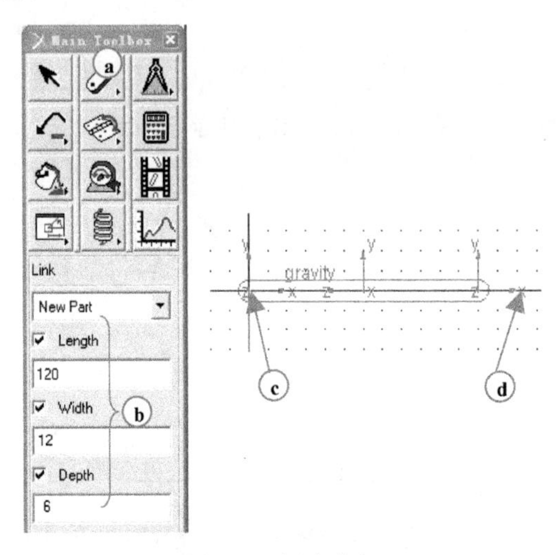

图 6-4　创建曲柄

(2) 创建摇杆，如图 6-5 所示。

a．单击 Link 工具。

b．选中 Length 复选框，在对话框中输入“260”；选中 Width 复选框，在对话框中输入“12”；选中 Depth 复选框，在对话框中输入“6”。

c．单击(300,0,0)位置(对应机架的长度 $l_4 = 300\text{mm}$)。

d．水平右移光标，当出现连杆的几何形体后，单击工作区域。

再将其重命名为 Rocker。

由机构的运动分析可知，对应所给定的曲柄摇杆机构的杆长 $l_1 = 120\text{mm}$，$l_2 = 250\text{mm}$，$l_3 = 260\text{mm}$，$l_4 = 300\text{mm}$，当曲柄处于水平位置(与 x 轴夹角为 0° 时，)摇杆和 x 轴正向的夹角为 114°，如图 6-6 所示。为此，需要将图 6-5 所示的摇杆绕左端点逆时针方向转动 114°，具体操作如下。

调整摇杆的位姿，如图 6-7 所示。

a．单击“位姿变换”工具。

b．单击“拾取旋转中心”按钮。

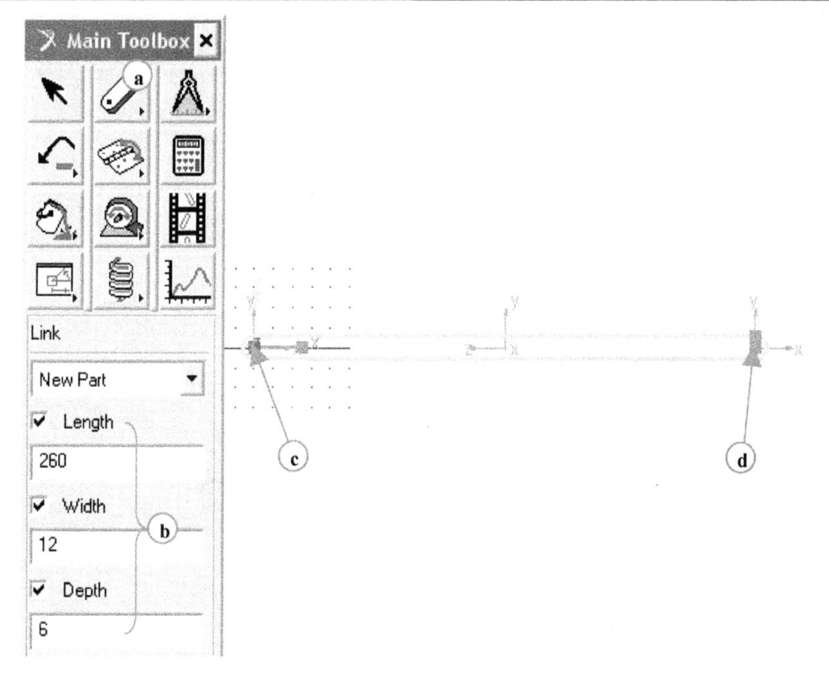

图 6-5　创建摇杆

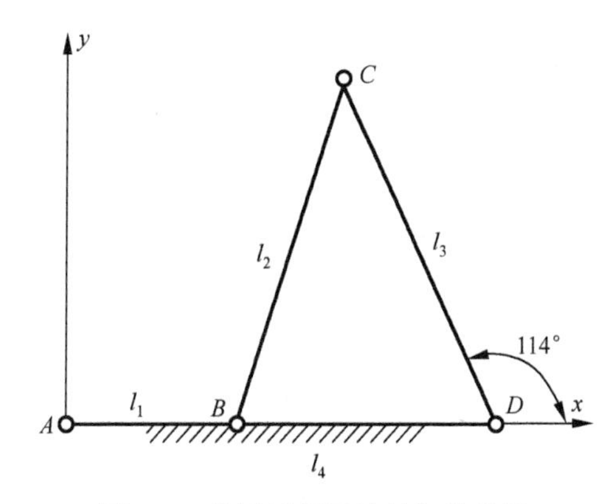

图 6-6　曲柄摇杆机构的初始位置

c．单击摇杆(Rocker)的左端的 MARKER_3。

d．单击(选中)Rocker。

e．在 Angle 文本框中输入“114”。

f．单击逆时针方向转动按钮。

摇杆绕其右端点，逆时针方向旋转了 144°，如图 6-8 所示。

(3) 创建连杆，如图 6-9 所示。

a．单击 Link 工具。

b．不选 Length 复选框；选中 Width，输入“12”；选中 Depth，输入“6”。

c．单击曲柄的右端点(MARKER_2)。

d．单击摇杆的上端点(MARKER_4)。

将其新命名为 Link。

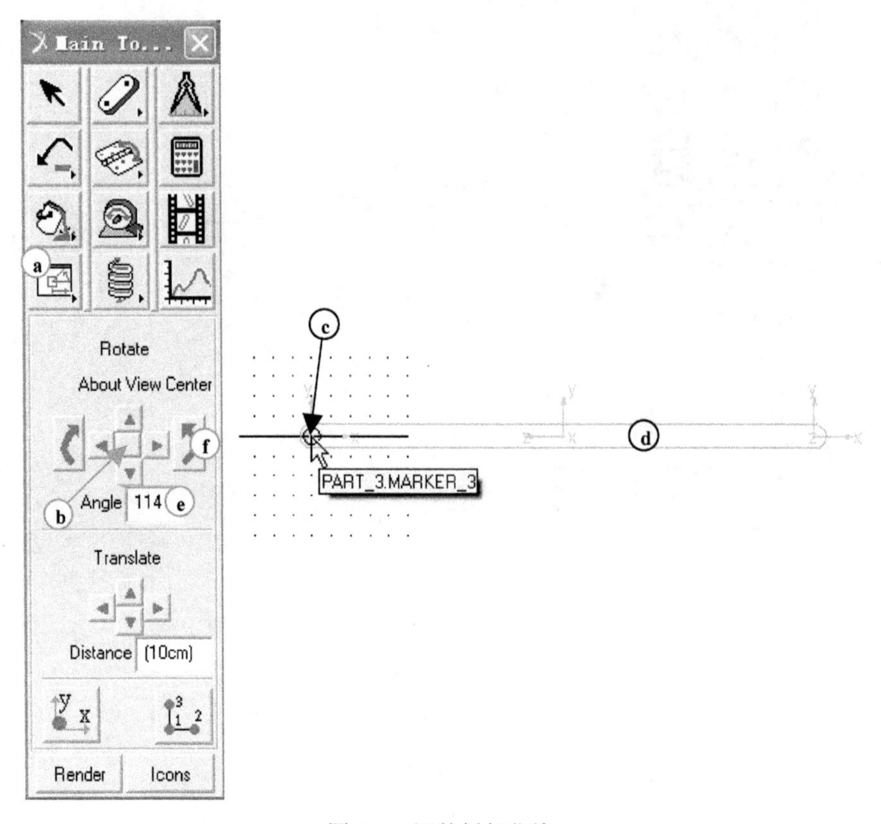

图 6-7　调整摇杆位姿

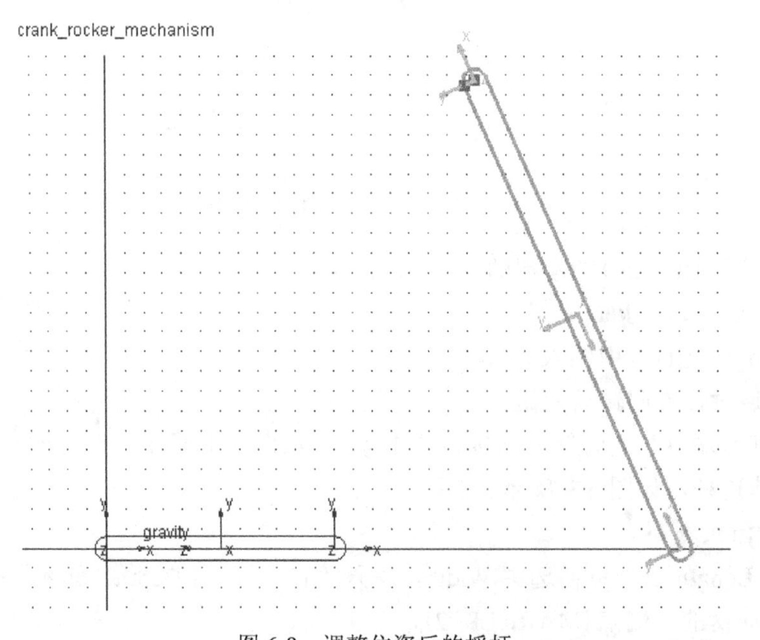

图 6-8　调整位姿后的摇杆

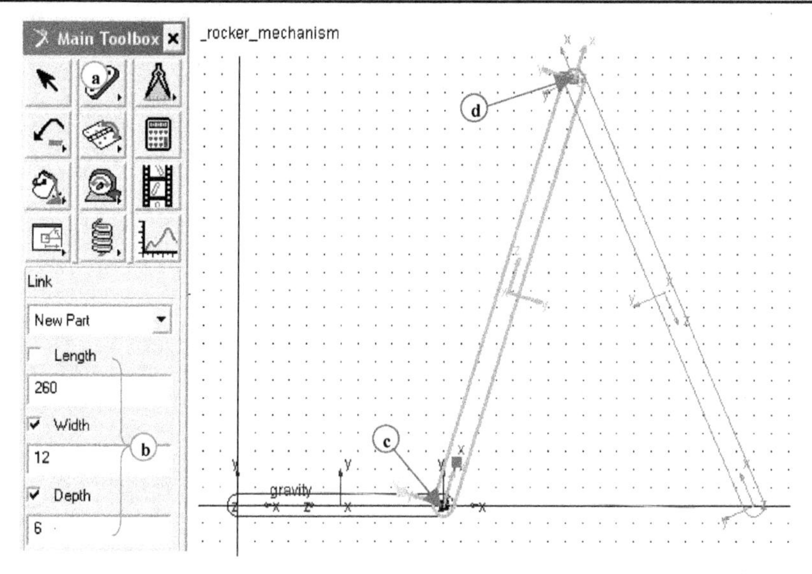

图 6-9　创建连杆

提示：在图 6-2 所示的机构运动简图中的机架 4 在图 6-9 中即为大地(ground)。至此，曲柄摇杆机构的构件部分创建完毕。

3）创建运动副

(1) 创建 JOINT_A 和 JOINT_D，如图 6-10 所示。

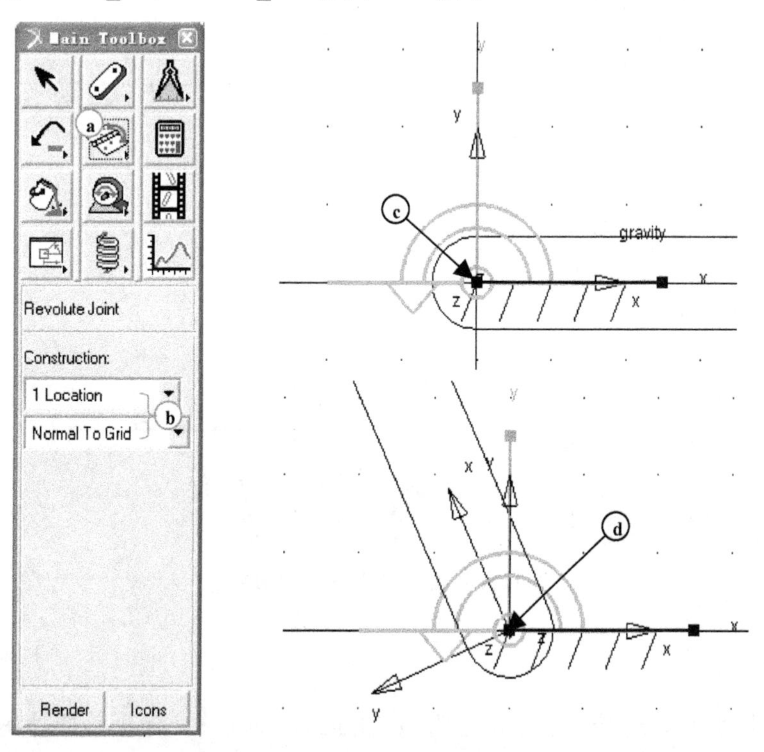

图 6-10　创建 JOINT_A 和 JOINT_D

a．选择 Revolute Joint 工具。

b．选择 1 Location 和 Normal To Grid。

c．单击曲柄的左端点(MARKER_1)。

转动副 JOINT_1 被创建，将其重命名为 JOINT_A。

d．单击 Revolute Joint 工具后，再单击摇杆的下端点(MARKER_3)。

转动副 JOINT_2 被创建，将其重命名为 JOINT_D。

(2) 创建 JOINT_B 和 JOINT_C，如图 6-11 所示。

a．选择 Revolute Joint 工具。

b．选择 2 Bod -1 Loc 和 Normal To Grid。

c．单击 Crank。

d．单击 Link。

e．单击曲柄和连杆的连接点(MARKER_2)。

转动副 JOINT_3 被创建，将其重命名为 JOINT_B。

类似的过程，可以创建转动副 JOINT_C。

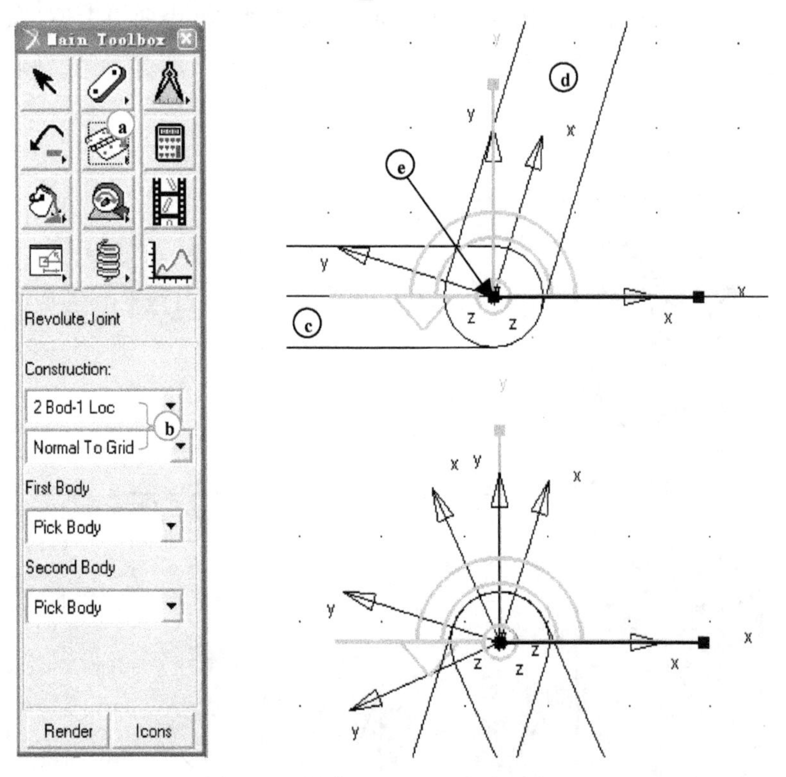

图 6-11　创建 JOINT_B 和 JOINT_C

4) 施加运动

根据“曲柄 1 匀速转动的角速度为 $\omega_1 = 1\text{rad/s}$”的要求，下面给曲柄施加一个运动(Motion)，如图 6-12 所示。

a．单击 Set the View orientation to Front 按钮。

b．单击 Rotational Joint Motion 工具。

c．在速度文本框中输入“180/PI”。

d．单击 JOINT_A。

运动被施加到曲柄的 JOINT_A 上。

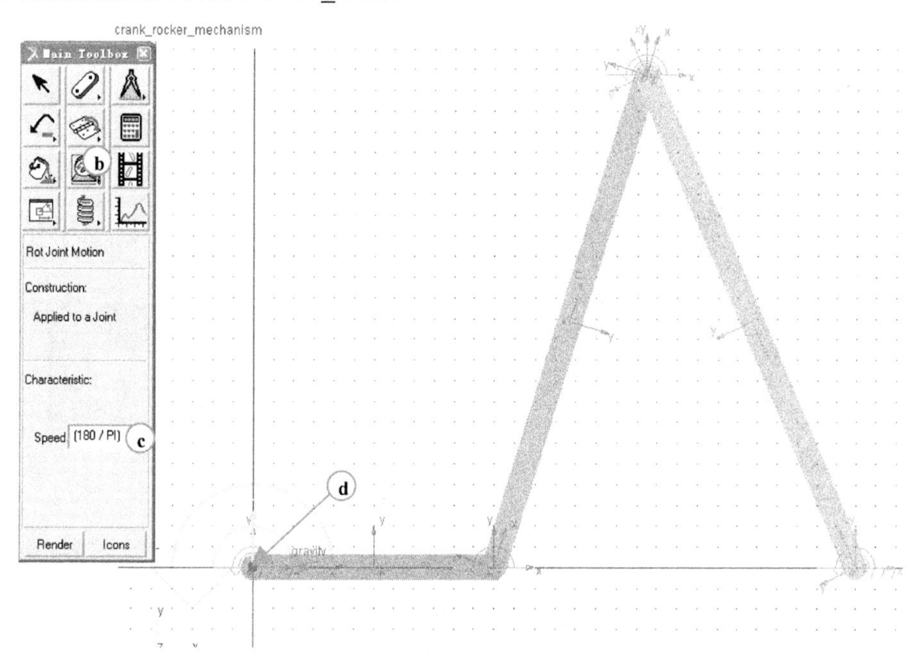

图 6-12　给曲柄施加运动

5）保存模型(图 6-13)

a．在主菜单中，选择 File\Select Directory。

b．在“浏览文件夹”窗口中选择所要保存模型的位置，如选择 D 盘。

c．选择 File\Save Database As。

d．在 Save Database As 对话框中，输入文件的名称“crank_rocker_mechanism”。

e．单击 OK 按钮。

6）模型的仿真与测试

(1) 仿真模型，如图 6-14 所示。

a．在 Main Toolbox 中，选择 Interactive Simulation Controls 工具。

b．设置 End Time 为 6.284，Steps 为 100。

c．单击 Start or continue simulation 按钮。

(2) 测试模型。

在机构的运动过程中，通过测量可以得到构件的实时运动特征。这里给出摇杆(Rocker)的运动摆角和角速度、角加速度的测量方法。

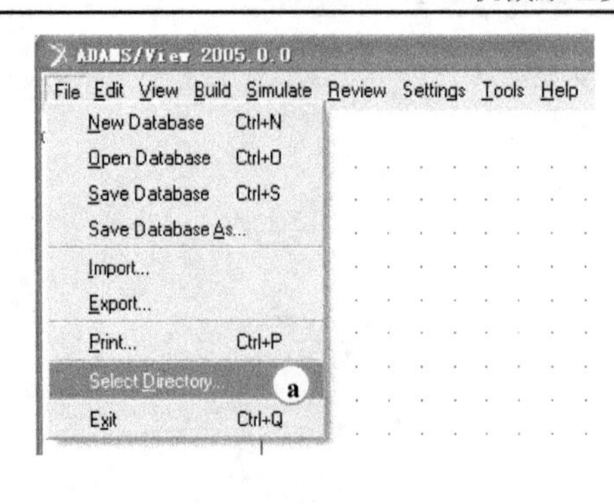

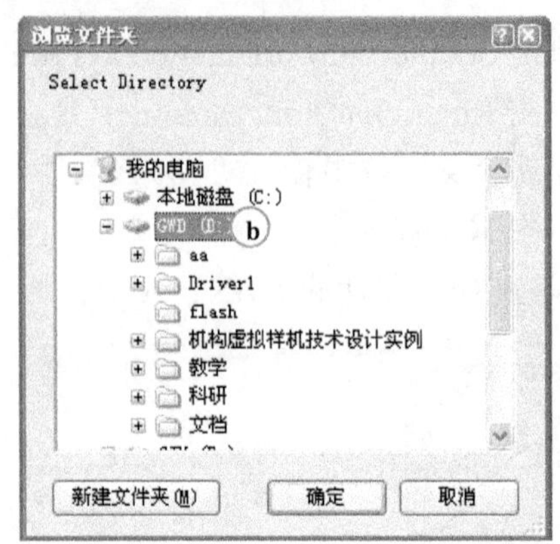

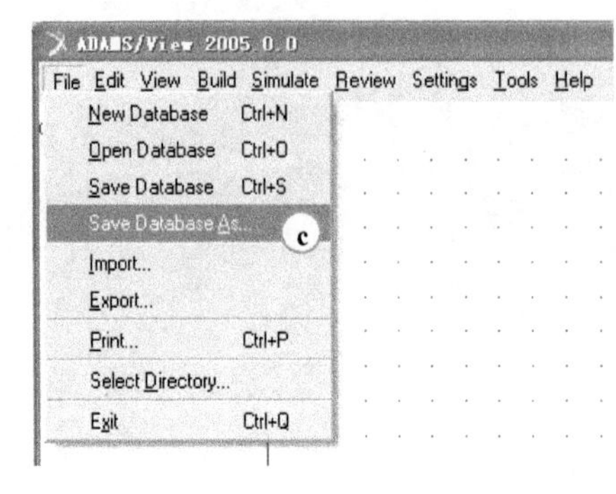

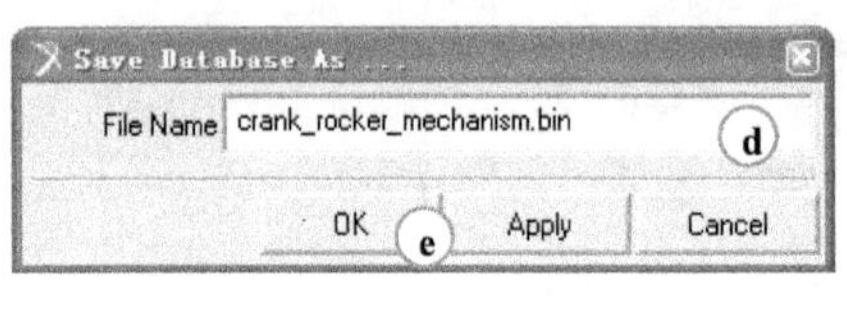

图 6-13　保存模型

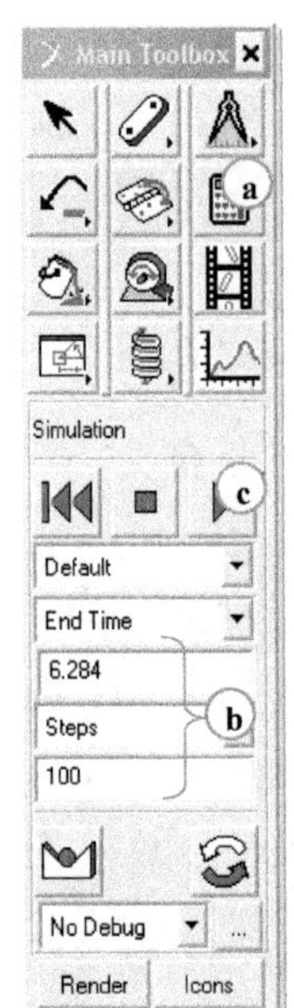

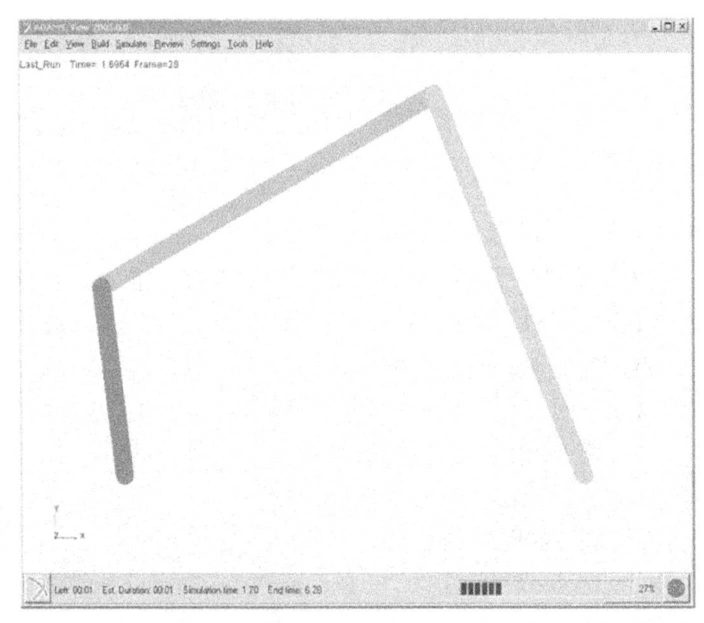

图 6-14　仿真模型

① 摇杆角位置的测量。

首先，在 ground 的(350,0,0)位置处放置一个标记点(Marker)，作为所测量摇杆摆角的一个标记点，如图 6-15 所示。

a. 在 Main Toolbox 中，选择 Marker 工具。

b. 单击(350,0,0)处。

MARKER_18 被创建。

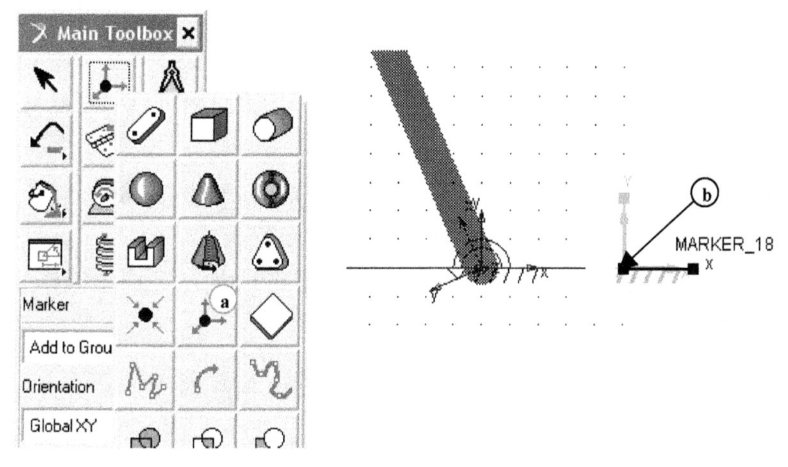

图 6-15　标记点(Marker)的创建

接着，创建角度的测量，如图 6-16 所示。

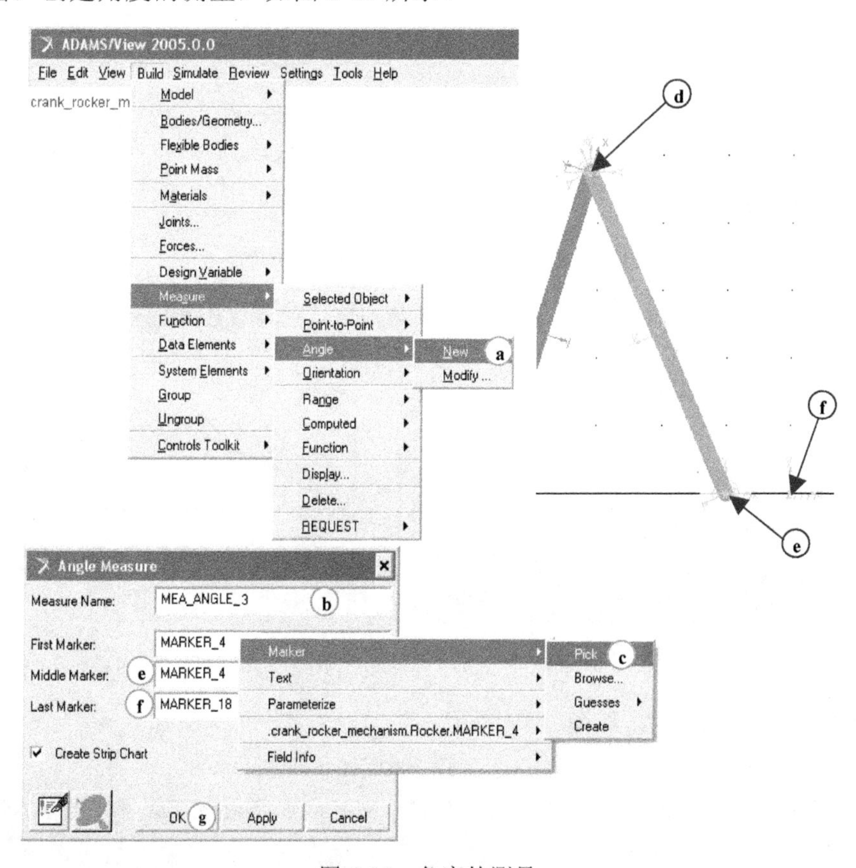

图 6-16　角度的测量

a．在主菜单中，选择 Build\Measure\Angle\New。

b．在 Angle Measure 对话框中，将 Measure Name 更改为 MEA_ANGLE_3。

c．右击 First Marker 文本框，在下拉式菜单中，选择 Marker\Pick。

d．单击摇杆与连杆的连接处(即铰链 C 处)，即可获取标记点 MARKER_4。

提示：此处有多个标记点，可任选其一。

e. 同步骤 c 和 d，在 Middle Marker 文本框中，拾取 MARKER_3(摇杆和 ground 的连接点)。

f. 同步骤 c 和 d，在 Last Marker 文本框中，拾取 MARKER_18。

g. 单击 OK 按钮。

系统生成了按 3 个点测量摇杆角位置曲线，如图 6-17 所示。曲线的横坐标轴为时间轴(单位：s)，纵坐标轴为摇杆角位置轴(单位：deg)。

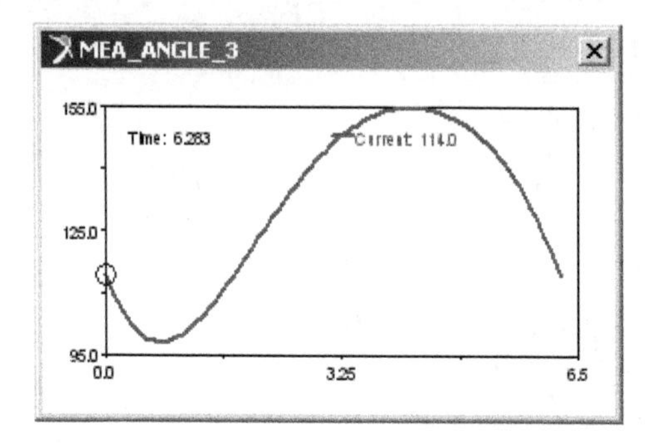

图 6-17　摇杆的角位置测量曲线

② 曲柄角位置的测量。

用同样的方法，进行曲柄角位置的测量，如图 6-18 所示。

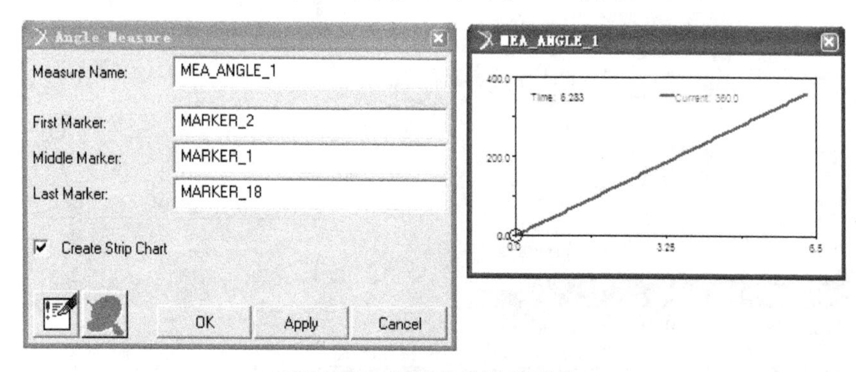

图 6-18　曲柄角位置的测量

③ 摇杆角速度的测量，如图 6-19 所示。

a. 右击 Rocker，在下拉式菜单中，选择 Part:Rocker\Measure。

b. 在 Part Measure 对话框中，更改 Measure Name 为 MEA_ANGULAR_VELOCITY_3。

c. 在 Characteristic 选择栏中选择 CM angular velocity。

d. 在 Component 中选择 Z。

e. 单击 OK 按钮。

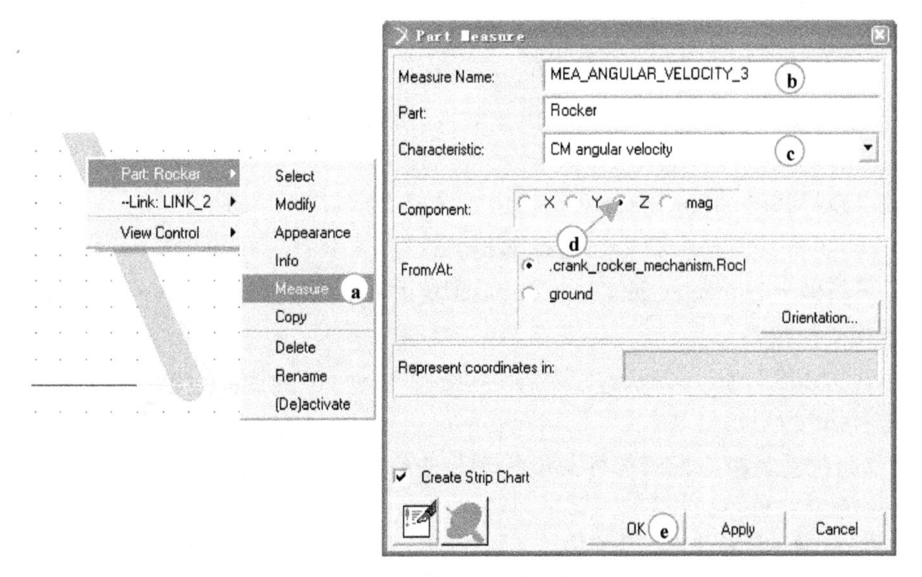

图 6-19　摇杆角速度的测量

摇杆角速度的测量曲线如图 6-20 所示。

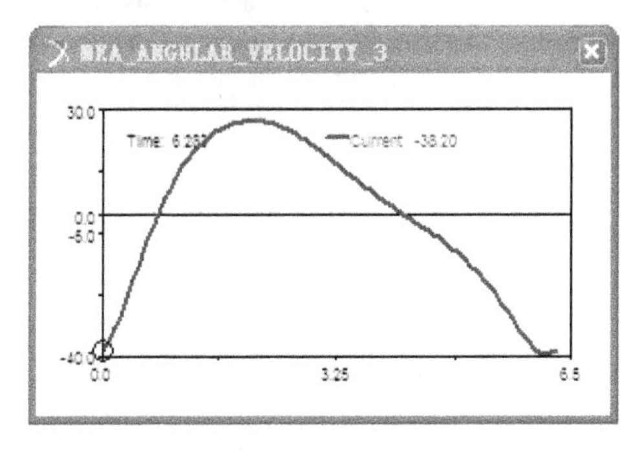

图 6-20　摇杆角速度的测量曲线

④ 摇杆角加速度的测量。

采用相同的方法，可以得到摇杆角加速度的测量曲线，如图 6-21 所示。

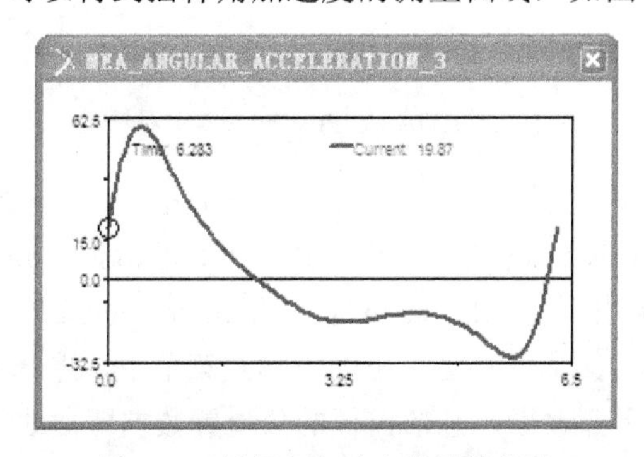

图 6-21　摇杆角加速度的测量曲线

7）测试结果的后处理

下面给出以曲柄角位置为横坐标轴的摇杆角位置、角速度和角加速度的测量曲线。

以曲柄角位置为横坐标轴的摇杆角位置的测量曲线生成过程如下。

a．在 Main Toolbox 中，选择 Plotting 工具，出现 ADAMS/PostProcessor 对话框，如图 6-22 所示。

b．在 ADAMS/PostProcessor 对话框中，选择 Source 为 Measures。

c．在 Independent Axis 栏中，选择 Data。

d．在系统弹出的 Independent Axis Browser 对话框中选择 Measure 为 MEA_ ANGLE_1。

e．单击 OK 按钮。

f．在 ADAMS/PostProcessor 对话框中，选择 Measure 为 MEA_ANGLE_3。

g．选择 Add Curves。

以曲柄角位置为横坐标的摇杆角位置变化曲柄测量曲线如图 6-23 所示。

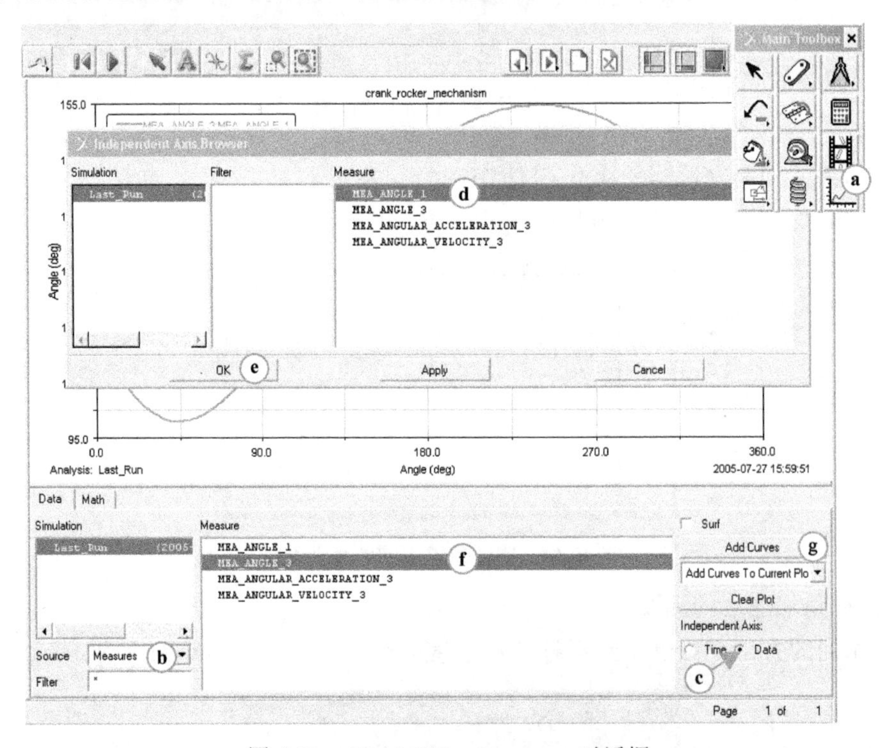

图 6-22　ADAMS/PostProcessor 对话框

将仿真测量曲线以数据文件的形式输出，其形成方法如图 6-24 所示。

a．在 ADAMS/PostProcessor 菜单栏中，选择 File\Export\ Numeric Data。

b．在 Export 对话框中，将 File Name 定义为 angle3_angle1。

c．右击 Results Data 文本框，在给出的下拉式菜单中，选择 Result_Set_Component\Guesses*。这表示输出全部数据，包括摇杆的角位置数据即曲线的 y 坐标值、曲柄的角位移数据即曲线的 x 坐标值和仿真时间。

d．单击 OK 按钮。

测量曲线转化为测量数据，并以 angle3_angle1.dat 的名称被保存起来。

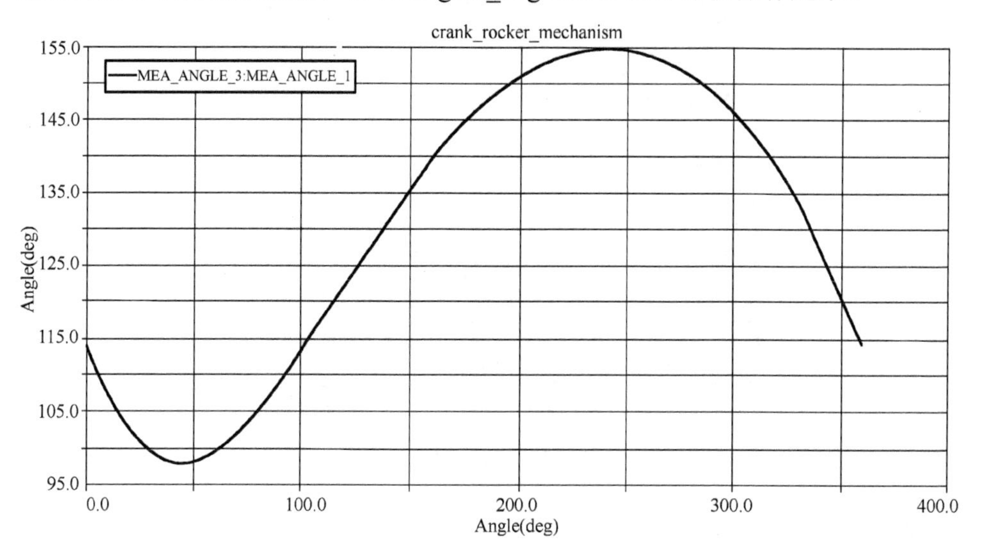

图 6-23 摇杆角位置—曲柄角位置关系的测量曲线

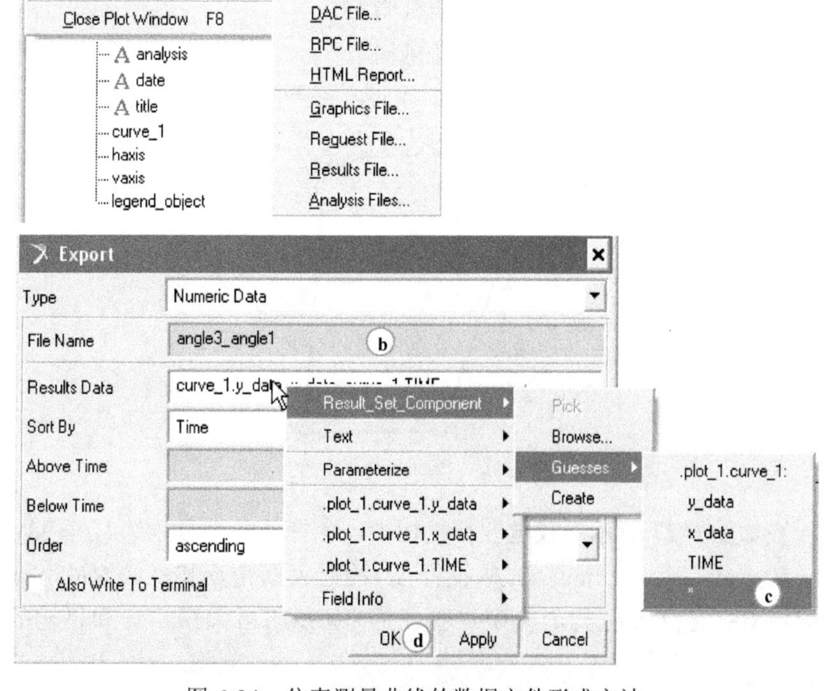

图 6-24 仿真测量曲线的数据文件形成方法

如图 6-25 所示为打开的刚保存的数据文件的部分内容。

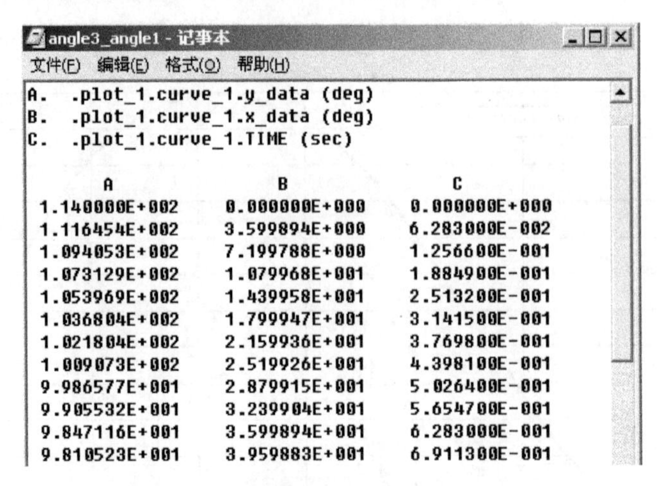

angle3_angle1 - 记事本

文件(F) 编辑(E) 格式(O) 帮助(H)

A. .plot_1.curve_1.y_data (deg)
B. .plot_1.curve_1.x_data (deg)
C. .plot_1.curve_1.TIME (sec)

A	B	C
1.140000E+002	0.000000E+000	0.000000E+000
1.116454E+002	3.599894E+000	6.283000E-002
1.094053E+002	7.199788E+000	1.256600E-001
1.073129E+002	1.079968E+001	1.884900E-001
1.053969E+002	1.439958E+001	2.513200E-001
1.036804E+002	1.799947E+001	3.141500E-001
1.021804E+002	2.159936E+001	3.769800E-001
1.009073E+002	2.519926E+001	4.398100E-001
9.986577E+001	2.879915E+001	5.026400E-001
9.905532E+001	3.239904E+001	5.654700E-001
9.847116E+001	3.599894E+001	6.283000E-001
9.810523E+001	3.959883E+001	6.911300E-001

图 6-25　数据文件的部分内容

6.1.5　实验题目

(1) 在 4.1.4 节的 10 个设计题目中任选一题；

(2) 若不在(1)中选择，可在下列题目中任选一题。

题目 1　在如图 6-26 所示的铰链四杆运动链中，各杆的长度分别为 $l_{AB}=55\,\mathrm{mm}$，$l_{BC}=40\mathrm{mm}$，$l_{CD}=50\,\mathrm{mm}$，$l_{AD}=25\,\mathrm{mm}$。试确定：

(1) 哪个构件为机架时，可获得曲柄摇杆机构？

(2) 哪个构件为机架时，可获得双曲柄机构？

(3) 哪个构件为机架时，可获得双摇杆机构？

应用 ADAMS 建立此运动链的模型，并对上述 3 个问题进行仿真验证。

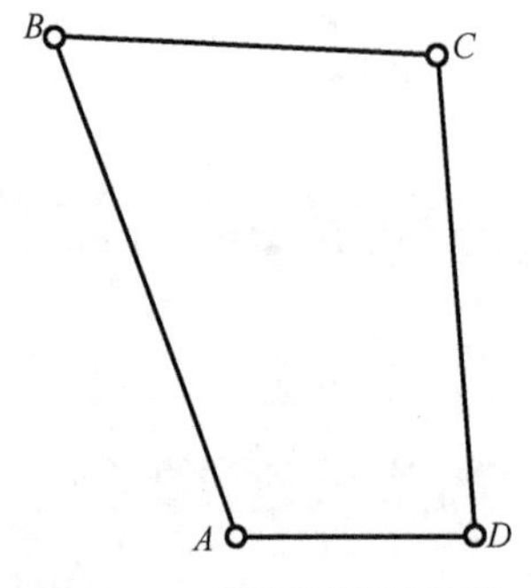

图 6-26　铰链四杆运动链

题目 2　在如图 6-27 所示的铰链四杆机构中，各杆件长度分别为 $l_{AB}=28\,\mathrm{mm}$，$l_{BC}=70\mathrm{mm}$，$l_{CD}=50\,\mathrm{mm}$，$l_{AD}=72\,\mathrm{mm}$。试求摇杆 CD 的最大摆角 ψ 和机构的最小传动角 $\gamma_{\min}$。

应用 ADAMS 建立此机构的模型，验证摇杆 CD 的最大摆角 ψ 和机构的最小传动角 $\gamma_{\min}$。

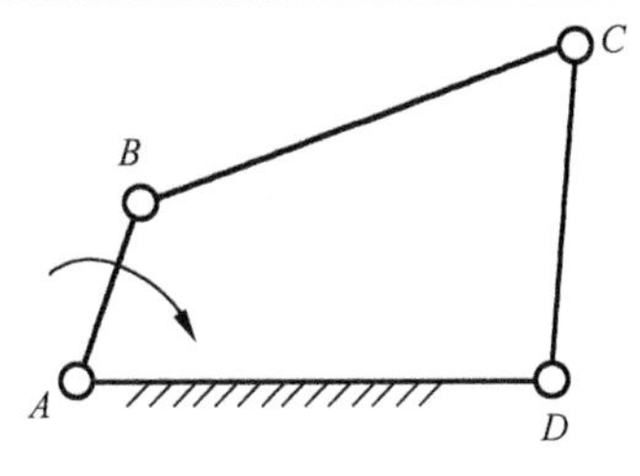

图 6-27　铰链四杆机构

题目3　如图 6-28 所示机构，已知 l_{AB} = 150mm，l_{BC} = 155mm，l_{CD} = 160mm，l_{AD} = 100mm，l_{CE} = 350mm。试分析机构的行程速比系数 K 是多少？

应用 ADAMS 建立此机构的模型，验证理论分析获得的行程速比系数 K 的正确性。

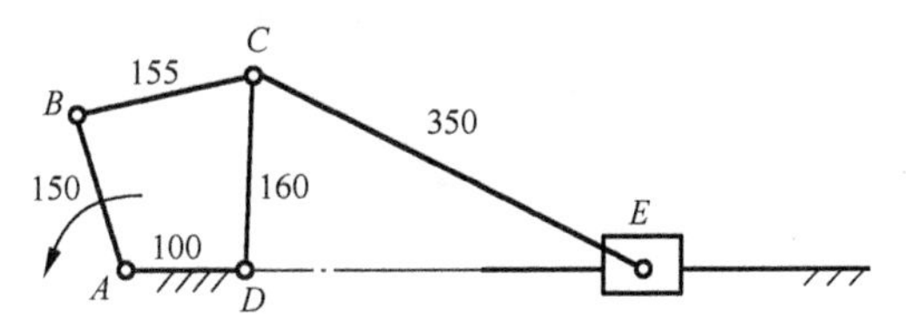

图 6-28　六杆连杆机构

题目 4　在如图 6-29 所示的六杆连杆机构中，已知各构件的尺寸：$l_{AB}=160$ mm，$l_{BC}=260$ mm，$l_{CD}=200$ mm，$l_{AD}=80$ mm；并已知构件 AB 为原动件，沿顺时针方向匀速回转。

（1）求该四杆机构的最小传动角 $\gamma_{\min}$；

（2）求滑块 F 的行程速度变化系数 K。

应用 ADAMS 建立此机构的模型，验证理论分析获得的最小传动角 $\gamma_{\min}$ 和行程速比系数 K 的正确性。

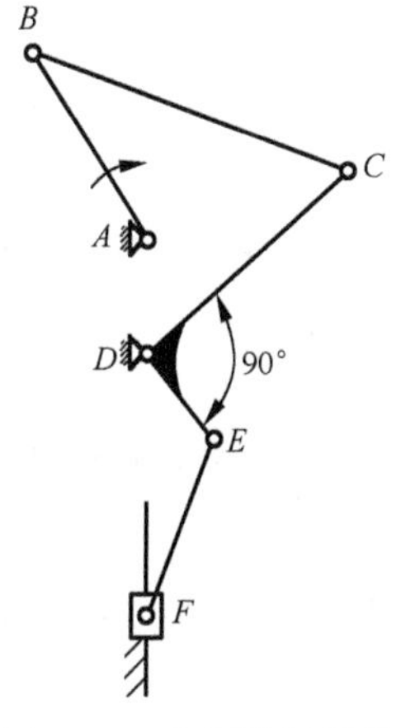

图 6-29　六杆连杆机构

题目5　设计如图 6-30 所示的铰链四杆机构。已知其摇杆 CD 的长度 $l_{CD}=75$ mm，行程速比系数 $K=1.5$，机架 AD 的长度 $l_{AD}=100$ mm，又知摇杆的一个极限位置与机架间的夹角 $\psi=45°$，试求曲柄的长度 l_{AB} 和连杆的长度 l_{BC}。

应用 ADAMS 建立机构的模型，验证设计结果的正确性。

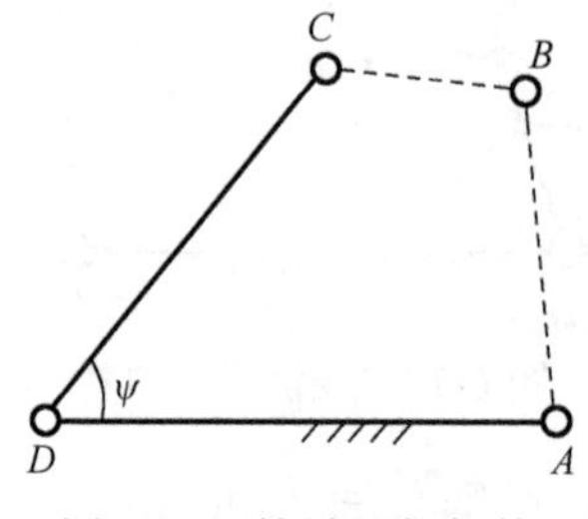

图 6-30　铰链四杆机构

题目 6　设计一曲柄滑块机构。已知曲柄长 $AB = 20$ mm，偏心距 $e = 15$ mm，其最大压力角 $\alpha = 30^\circ$。试确定连杆长度 BC，滑块的最大行程 H，求出其行程速度变化系数 K。

应用 ADAMS 建立机构的模型，验证设计结果的正确性。

题目 7　设计一铰链四杆机构。已知行程速度变化系数 $K = 1$，摇杆长为 $l_{CD} = 100$ mm，连杆长为 $l_{BC} = 150$ mm，其他参数如图 6-31 所示。试设计该铰链四杆机构，求曲柄 AB 和机架 AD 的长度 l_{AB} 和 l_{AD}。

应用 ADAMS 建立机构的模型，验证设计结果的正确性。

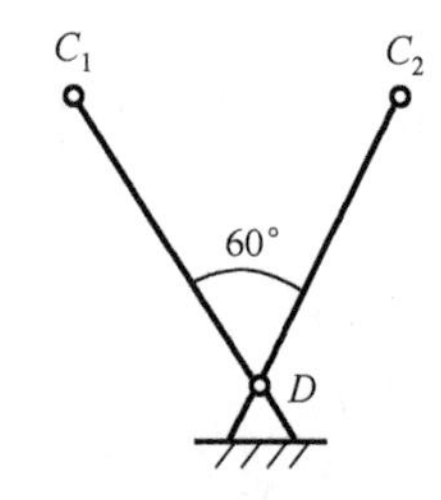

图 6-31　铰链四杆机构设计要求

题目 8　有一曲柄摇杆机构，已知其摇杆长 $l_{CD} = 420$ mm，摆角 $\psi = 90^\circ$，摇杆在两极限位置时与机架所成的夹角分别为 60° 和 30°，机构的行程速比系数 $K = 1.5$，设计此四杆机构。

应用 ADAMS 建立机构的模型，验证设计结果的正确性。

6.1.6　实验报告

参考 6.1.4 节的设计实例，独立完成所选题目的虚拟样机建模与仿真分析实验报告。

6.2　凸轮机构的虚拟样机法设计

6.2.1　实验目的

1．巩固和拓展凸轮机构设计的相关知识。
2．掌握应用 ADAMS 进行凸轮机构设计的方法。
3．培养应用先进技术解决问题的能力。

6.2.2　实验要求

1. 复习有关凸轮机构设计与分析的知识。
2. 了解虚拟样机技术的相关知识和 ADAMS 软件的有关知识。

6.2.3　实验设备

ADAMS2010(或其他版本)软件及其安装运行所需的硬件(计算机)。

6.2.4　实验实例

设计如图 6-32(a)所示的尖端偏置直动从动件盘形凸轮机构。已知凸轮的基圆半径 $r_b = 100\text{mm}$，偏距 $e = 20\text{mm}$，从动件的位移运动规律如图 6-32(b)所示，其方程为

推程按匀速规律运动：$s = \dfrac{h}{\Phi}\varphi$，$0 \leqslant \varphi \leqslant 180^\circ$

回程按简谐规律运动：$s = \dfrac{h}{2}\left\{1 + \cos\left[\dfrac{\pi}{\Phi}(\varphi - 180)\right]\right\}$，$180^\circ \leqslant \varphi \leqslant 360^\circ$

式中，从动件的行程 $h = 100\,\text{mm}$，推程和回程的运动角 $\Phi = 180^\circ$。

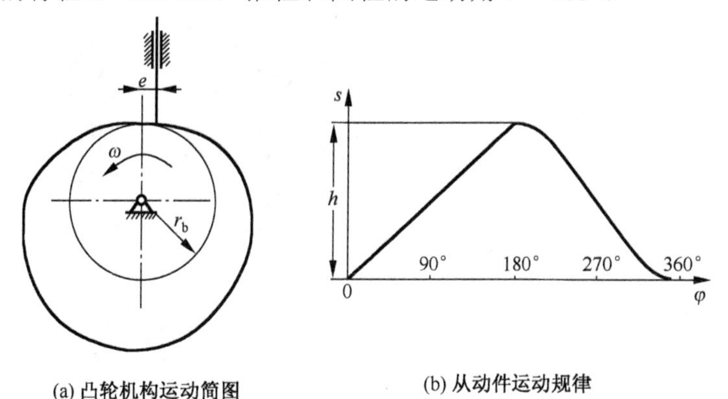

(a) 凸轮机构运动简图　　(b) 从动件运动规律

图 6-32　凸轮机构运动简图及从动件运动规律

1) 创建虚拟样机模型

(1) 创建从动件，如图 6-33 所示。更名为 follower。

(2) 添加 Marker。

在从动件的尖端处，添加一个 Marker(MARKER_3)，如图 6-34 所示。

(3) 调整从动件位置。

移动从动件，使其尖端到达(20,98,0)位置，如图 6-35 所示。

提示：点(20,98,0)到点(0,0,0)的距离等于凸轮的基圆半径 100mm。

(4) 创建凸轮板。

创建一个 400mm×400mm×10mm 的长方体，作为在其上生成凸轮廓线的凸轮板，如图 6-36 所示。更名为 cam。

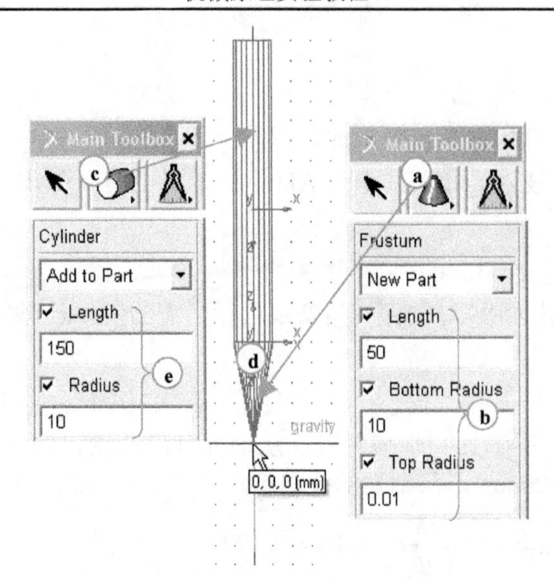

图 6-33　创建从动件

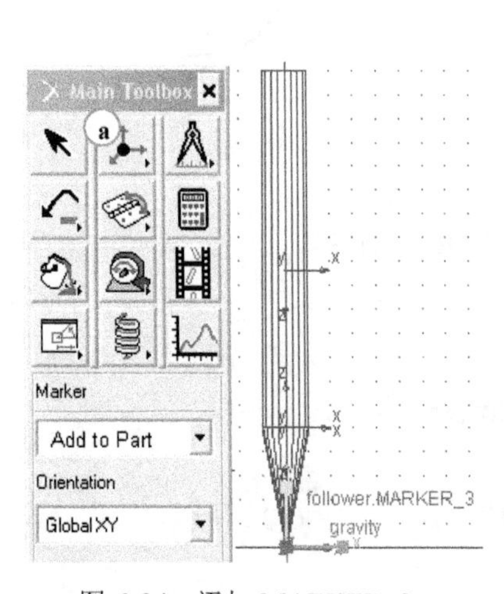

图 6-34　添加 MARKER_3

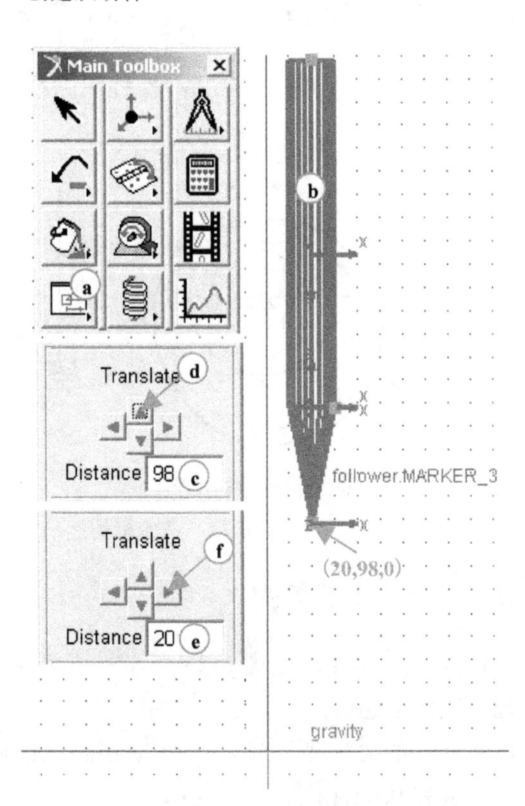

图 6-35　调整从动件位置

(5) 创建运动副。

创建 2 个运动副 JOINT_R 和 JOINT_T，如图 6-37 所示。JOINT_R：cam 和 ground 之间的转动副；JOINT_T：follower 和 ground 之间的移动副。

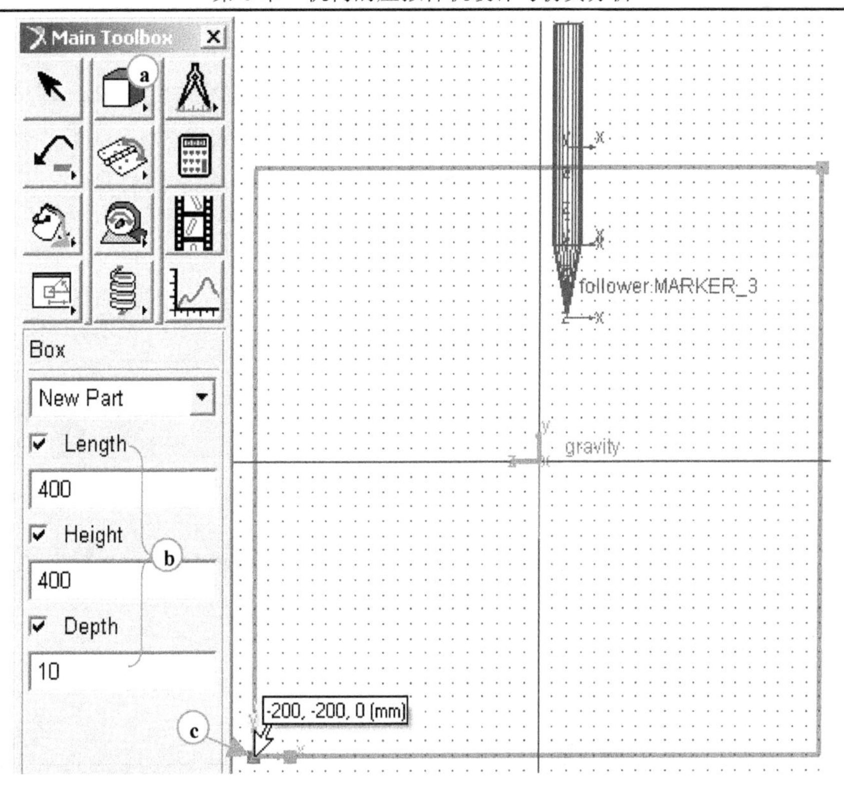

图 6-36　创建凸轮板

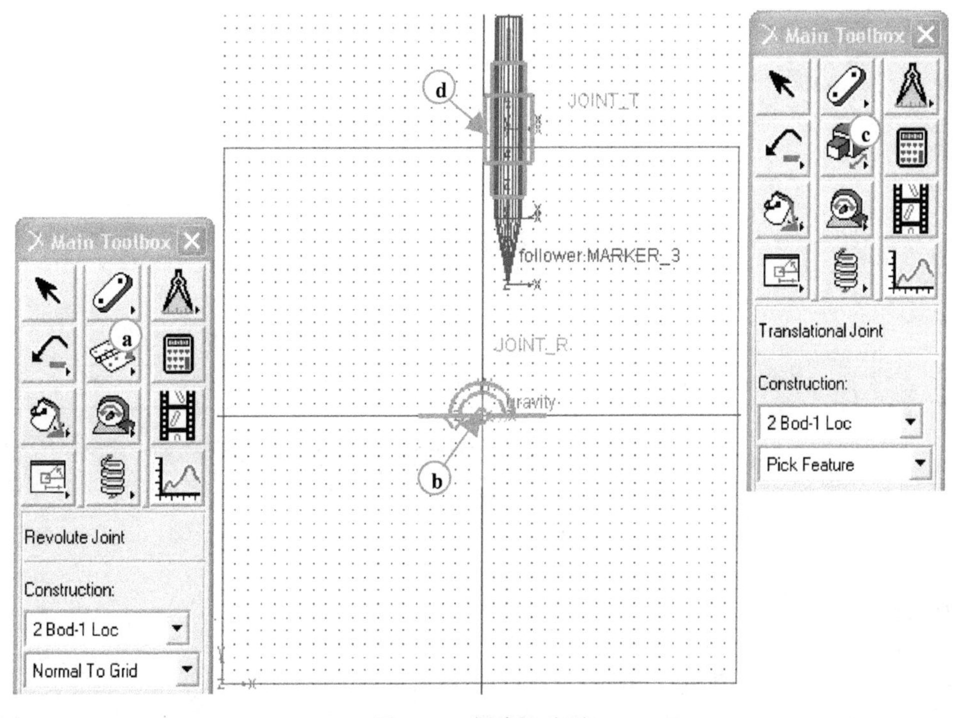

图 6-37　创建运动副

（6）施加运动。

如图 6-38 所示，在转动副 JOINT_R 上施加一个转动 MOTION_R，其运动转角为 $\phi = 30^{\circ} * \text{time}$；在移动副 JOINT_T 上施加一个移动，其移动速度用 IF 函数描述为

IF(time-6:50/3,50/3,-25/3*PI*sin(PI/180*(30*time-180)))

注意：MOTION_T 的 Type 为 Velocity。

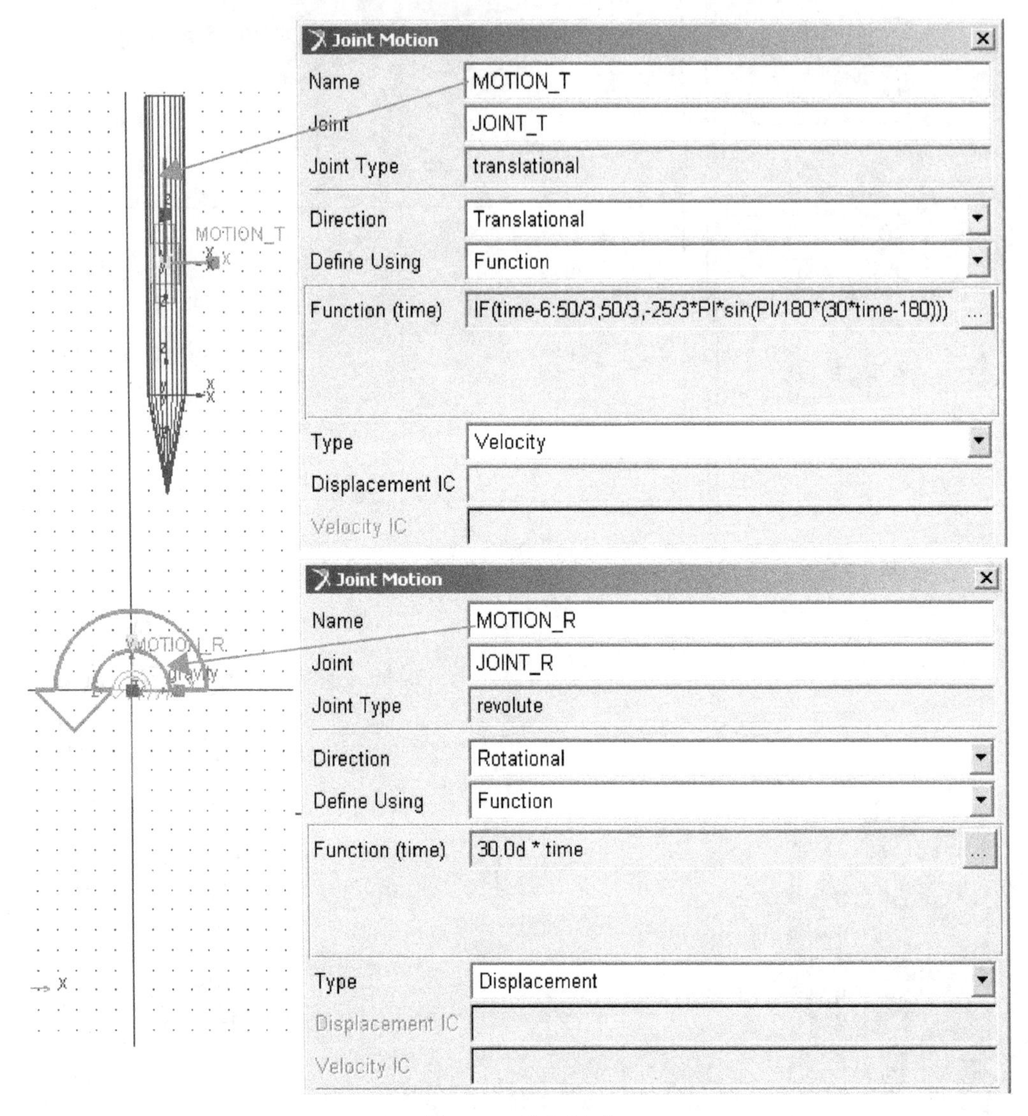

图 6-38　施加运动

2）设计凸轮

（1）仿真模型，如图 6-39 所示。

（2）获取凸轮的轮廓曲线，如图 6-40 所示。

a．在主菜单中，选择 Review\Create Trace Spline。

b．单击 MARKER_3。

c．单击 cam。

得到从动件尖端相对凸轮板的运动轨迹，即凸轮的轮廓曲线 GCURVE_4。

(3) 创建凸轮几何体，如图 6-41 所示。

a．在 Main Toolbox 中，选择 Extrusion 工具。

b．选择 Add to Part。

c．选择 Create profile by 为 Curve。

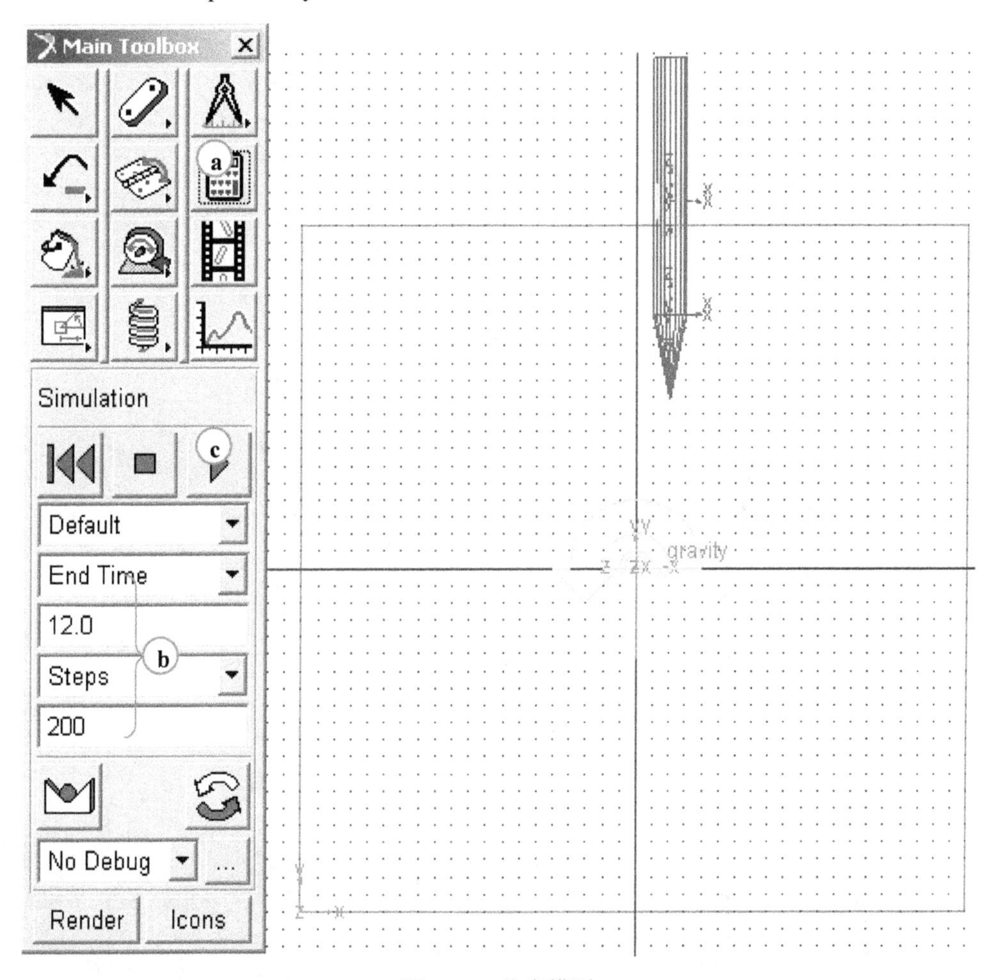

图 6-39　仿真模型

d．选择 Path 为 About Center。

e．在 Length 文本框中，输入“10”。

f．单击 cam。

g．单击 GCURVE_4。

得到厚度为 10mm，以凸轮廓线为中心的凸轮几何体。

(4) 删除凸轮板，如图 6-42 所示。

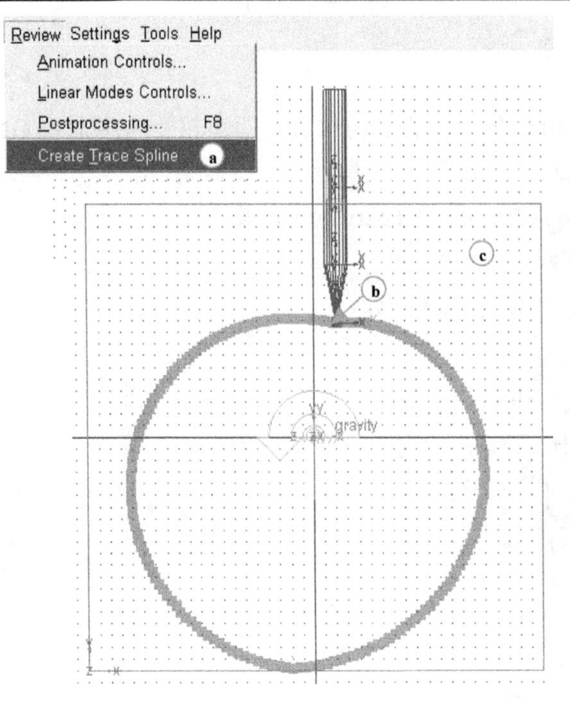

图 6-40　获取凸轮的轮廓曲线

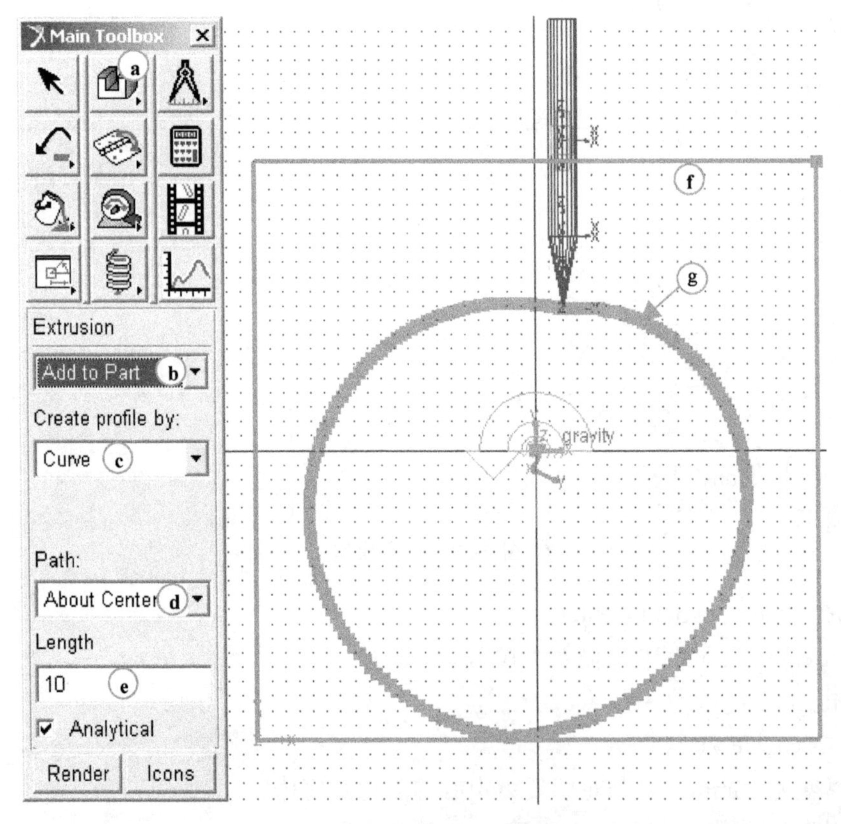

图 6-41　创建凸轮几何体

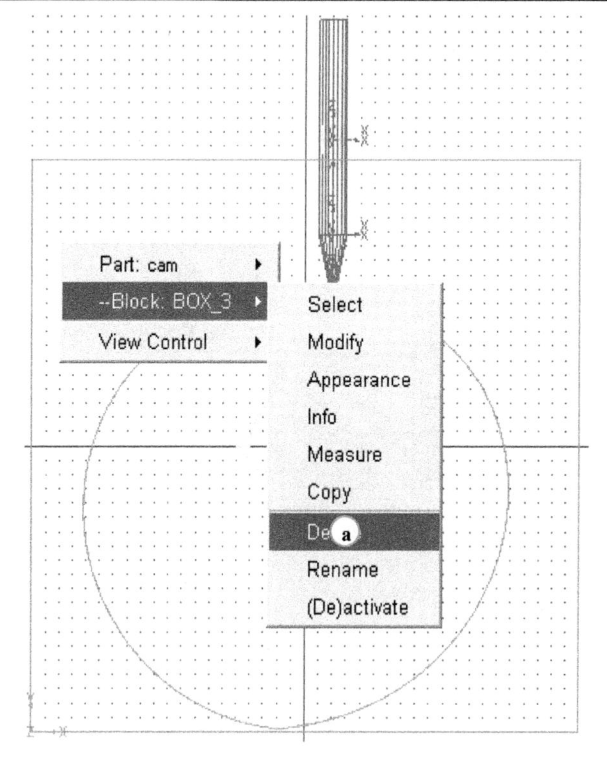

图 6-42　删除凸轮板

（5）删除运动 MOTION_T，如图 6-43 所示。

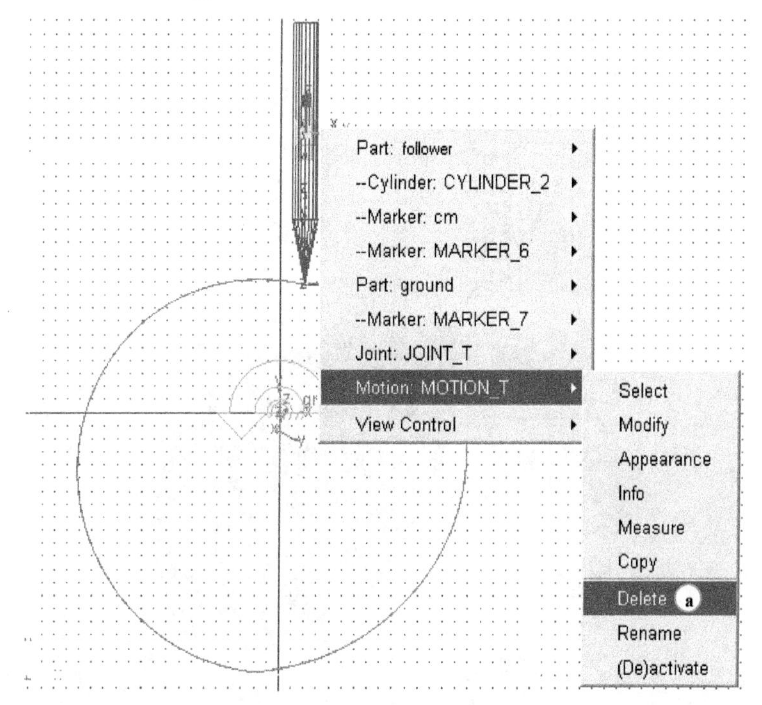

图 6-43　删除 MOTION_T

(6) 创建凸轮副，如图 6-44 所示。

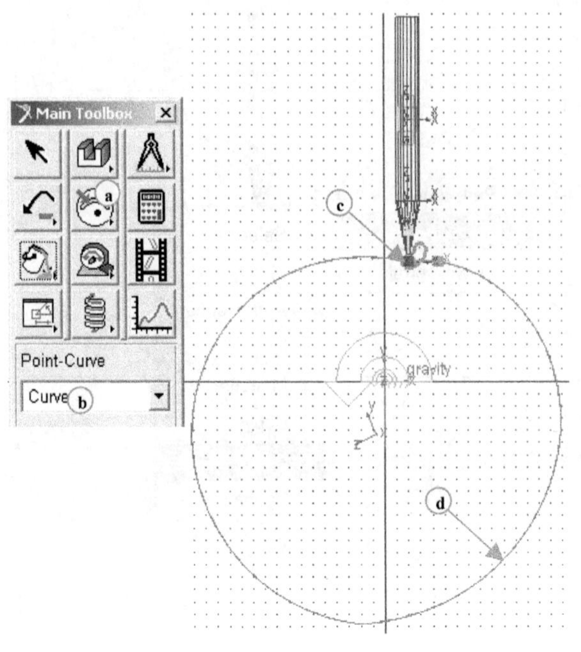

图 6-44　创建凸轮副

3) 仿真与测量

(1) 仿真模型。仿真模型如图 6-45 所示。

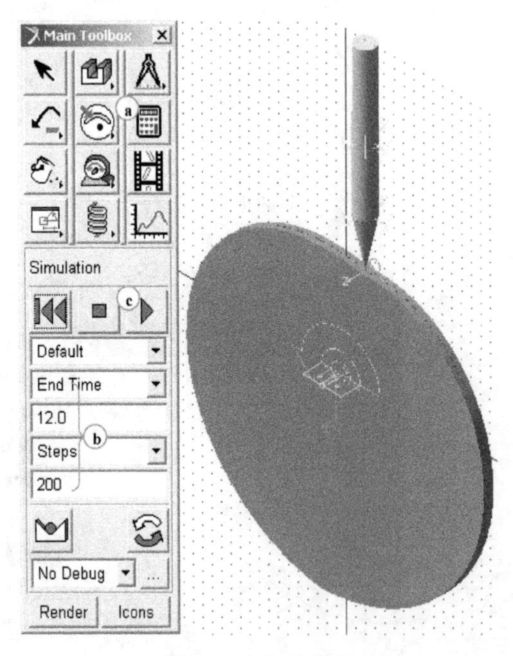

图 6-45　仿真模型

（2）测量模型。测量移动从动件的质心位置的变化，测量结果如图 6-46 所示。

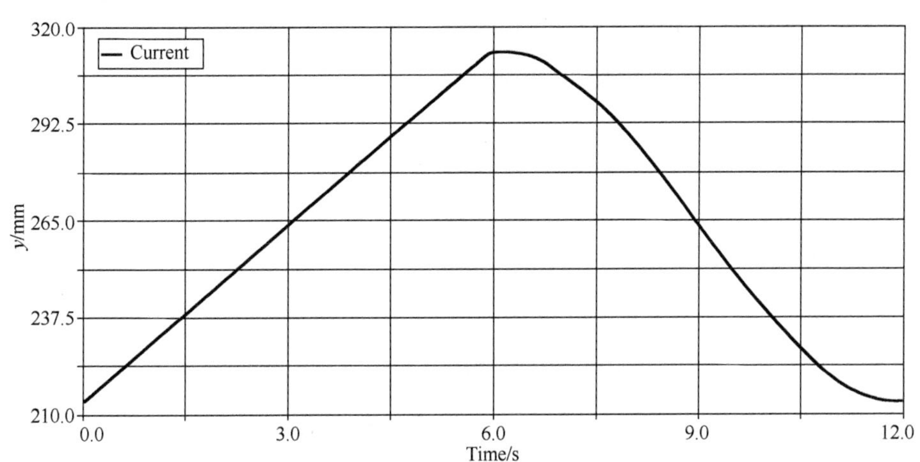

图 6-46　从动件质心位置测量结果

从图 6-46 的仿真结果可以看出，从动件在凸轮的带动下，是完全按照设计要求的运动规律在运动，说明所设计的凸轮的结果是正确的。

6.2.5　实验题目

题目1　应用 ADAMS，设计如图 6-47 所示的尖端偏置直动从动件盘形凸轮机构。已知凸轮的基圆半径 $r_b = 100$mm，偏距 $e = 20$mm，从动件的位移运动规律为

$$s=\begin{cases}\dfrac{h}{\Phi}\varphi, & 0\leqslant\varphi\leqslant 180^\circ\\[2mm] h-\dfrac{h}{\Phi'}(\varphi-180^\circ), & 180^\circ\leqslant\varphi\leqslant 360^\circ\end{cases}$$

式中，$h = 100$mm，$\Phi = \Phi' = 180^\circ$。

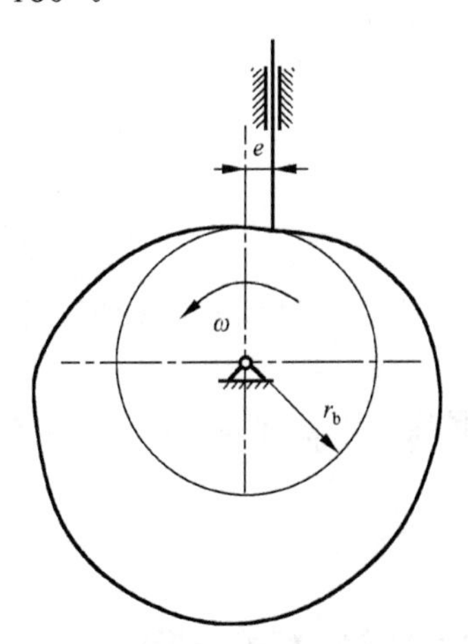

图 6-47　直动从动件盘形凸轮机构

题目2　试应用 ADAMS 设计如图 6-48 所示的尖端摆动从动件凸轮机构。已知摆杆

AB 在起始位置时垂直于 OB，$r_b = l_{OB} = 40\text{mm}$，$l_{AB} = 80\text{mm}$，凸轮以等角速度$\omega$顺时针转动。摆动从动件的运动规律为

$$\psi = \begin{cases} \psi_{\max}\left(\dfrac{\varphi}{\Phi} - \dfrac{1}{2\pi}\sin\dfrac{2\pi}{\Phi}\varphi\right), & 0^\circ \leqslant \varphi \leqslant 180^\circ \\ \psi_{\max}\left[1 - \dfrac{\varphi - 180^\circ}{\Phi'} + \dfrac{1}{2\pi}\sin\dfrac{2\pi}{\Phi'}(\varphi - 180^\circ)\right], & 180^\circ < \varphi \leqslant 330^\circ \\ 0, & 330^\circ < \varphi \leqslant 360^\circ \end{cases}$$

式中，$\psi_{\max} = 30^\circ$，$\Phi = 180^\circ$，$\Phi' = 150^\circ$。

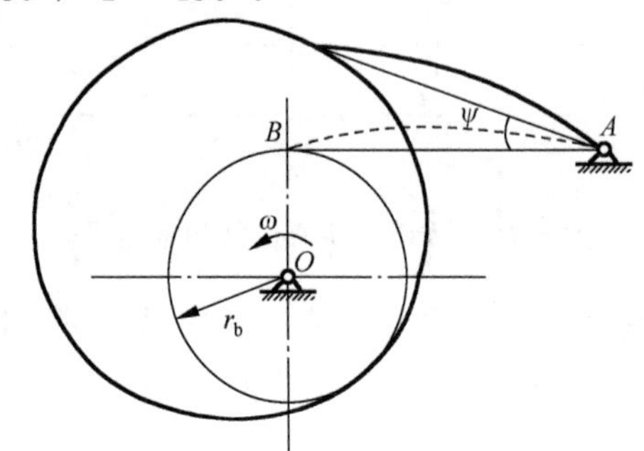

图 6-48　摆动从动件凸轮机构

题目3　设某机械装置中需要采用凸轮机构。工作要求为当凸轮顺时针转过 60° 时，从动件上升 10mm；当凸轮继续转过 120° 时，从动件静止不动，凸轮再继续转过 60° 时，从动件下降 10mm；最后，凸轮转过剩余的 120° 时，从动件又停止不动。已知凸轮以等角速度 $\omega = 10\text{rad/s}$ 转动，要求机构没有刚性冲击，试设计该凸轮机构。

提示：

① 根据适用场合和工作要求，可选择对心尖端直动从动件盘形凸轮机构。

② 因要求机构无刚性冲击，故从动件推程和回程均选用等加速等减速运动规律。推程运动角 $\Phi = 60°$，远停歇角 $\Phi_s = 120°$，回程运动角 $\Phi' = 60°$，近停歇角 $\Phi_s' = 120°$。

③ 根据机构的结构空间，初选凸轮的基圆半径 $r_b = 50\text{mm}$。

6.2.6　实验报告

参考 6.2.4 的设计实例，独立完成所选题目的虚拟样机建模与仿真分析实验报告。

6.3　转子平衡的虚拟样机仿真分析与验证

6.3.1　实验目的

1．巩固刚性转子静平衡和动平衡的相关知识。
2．掌握应用 ADAMS 进行转子平衡的虚拟样机仿真分析与验证方法。
3．培养应用先进技术解决问题的能力。

6.3.2　实验要求

1. 复习有关刚性转子平衡的知识。
2. 了解虚拟样机技术的相关知识和 ADAMS 软件的有关知识。
3. 爱护实验室环境。

6.3.3　实验设备

ADAMS2010(或其他版本)软件及其安装运行所需的硬件(计算机)。

6.3.4　实验实例

实例 1　如图 6-49 所示为一圆盘转子，根据其结构特点(如凸轮的质心与回转中心不重合、轮上有凸台等)，可以计算出其具有的偏心质量 $m_1 = 10\text{kg}$，$m_2 = 8\text{kg}$，它们的回转半径 $r_1 = 150\text{mm}$，$\theta_1 = 30°$；$r_2 = 150\text{mm}$，$\theta_2 = 120°$。

1. 建立转子的虚拟样机，仿真测试转子对机座的动压力。
2. 计算平衡质径积。
3. 仿真分析平衡后的转子对机座的动压力。

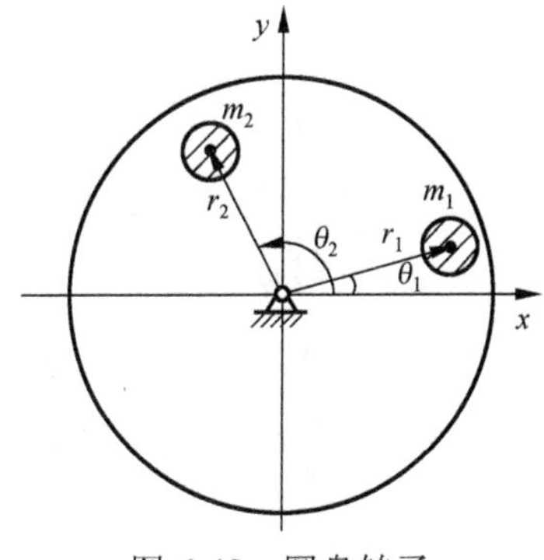

图 6-49　圆盘转子

1) 创建虚拟样机模型

(1) 创建转子，如图 6-50 所示。更名为 rotor。

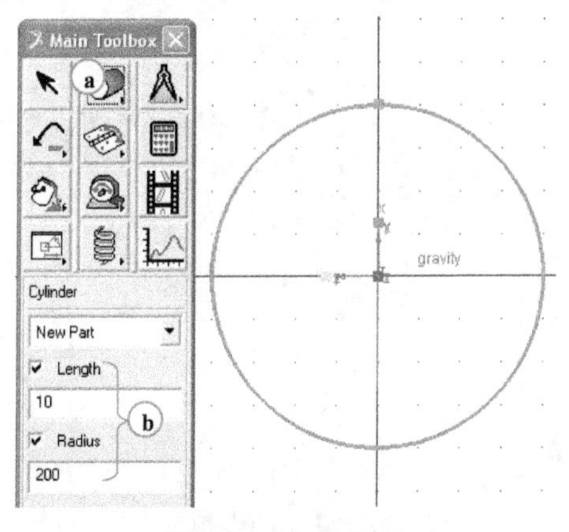

图 6-50　创建转子

(2) 添加集中质量块 m_1 和 m_2，并将质量块的质量更改为 10kg 和 8kg，如图 6-51 所示。

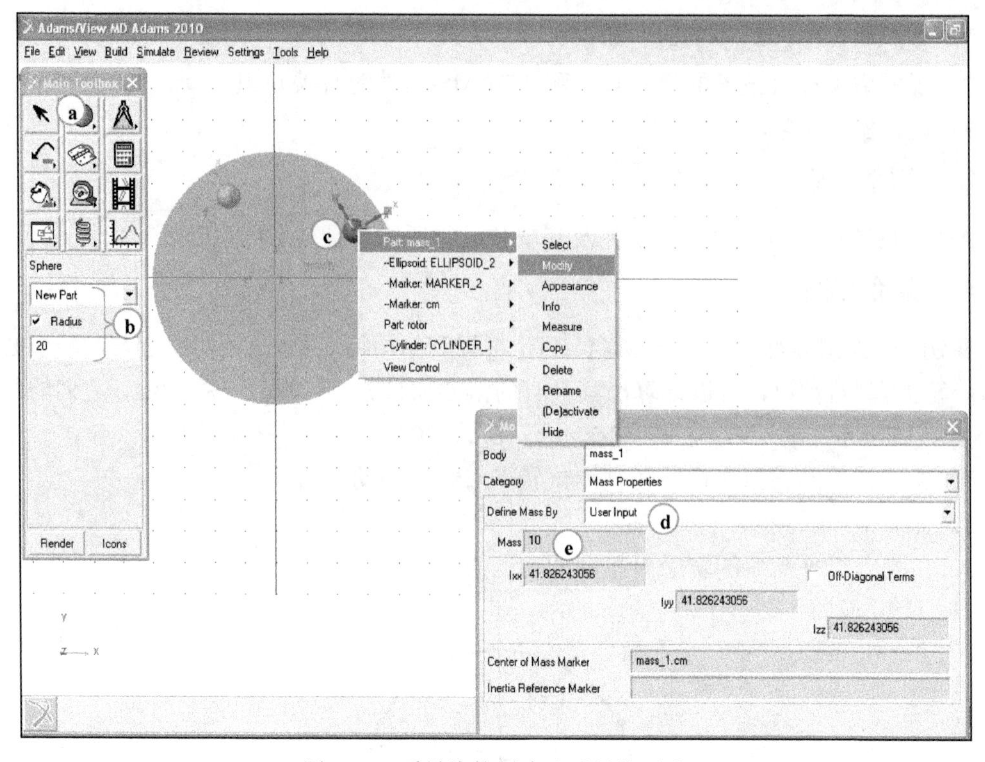

图 6-51　质量块的创建及质量的更改

(3) 将质量块 m_1 和 m_2 与转子固连，并在转子与大地(ground)之间建立转动副，在运动副处添加运动，得到圆盘转子的虚拟样机模型，如图 6-52 所示。

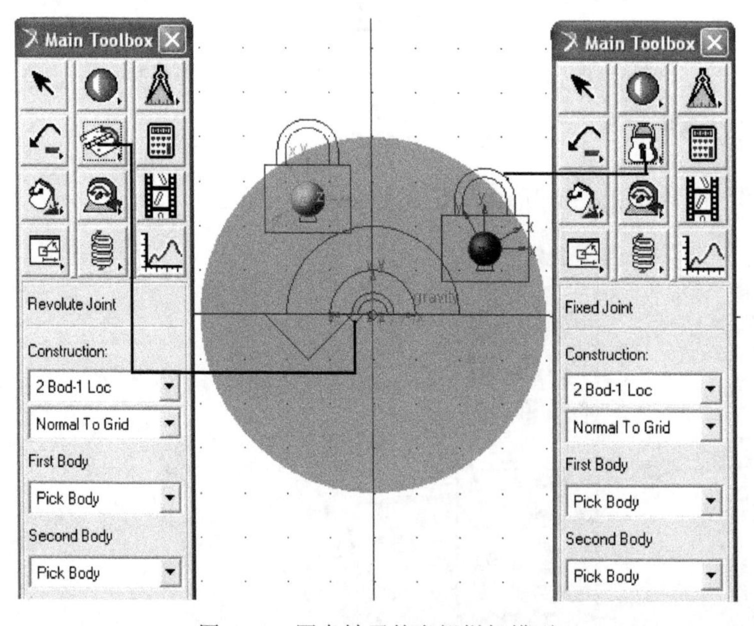

图 6-52　圆盘转子的虚拟样机模型

2）仿真与测试模型

(1) 仿真模型。设转动的角速度为 2*pi，用 200 步仿真 1s，如图 6-53 所示。

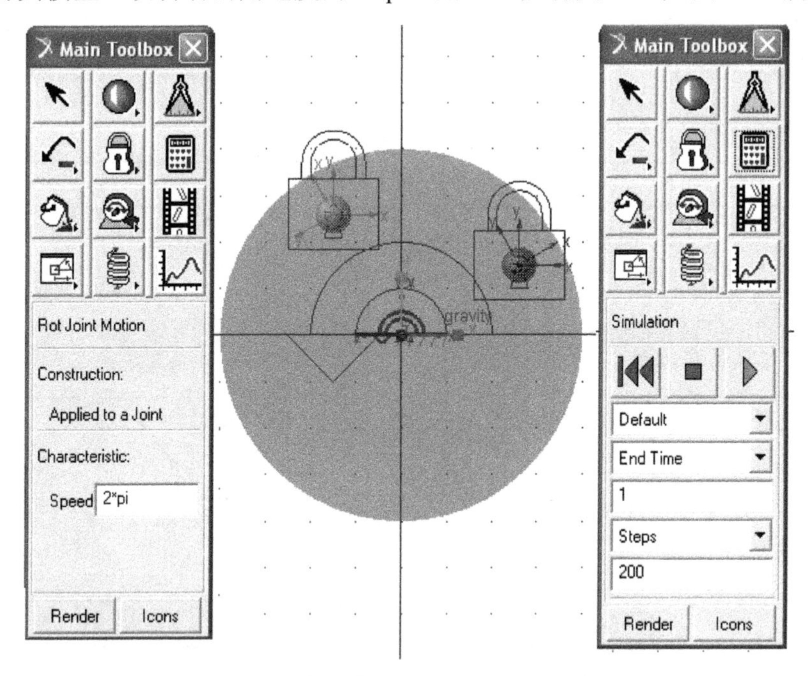

图 6-53 转动角速度设置及运动仿真设置

(2) 测试模型。测量转动副处的作用力，如图 6-54 所示。测量结果如图 6-55 所示。

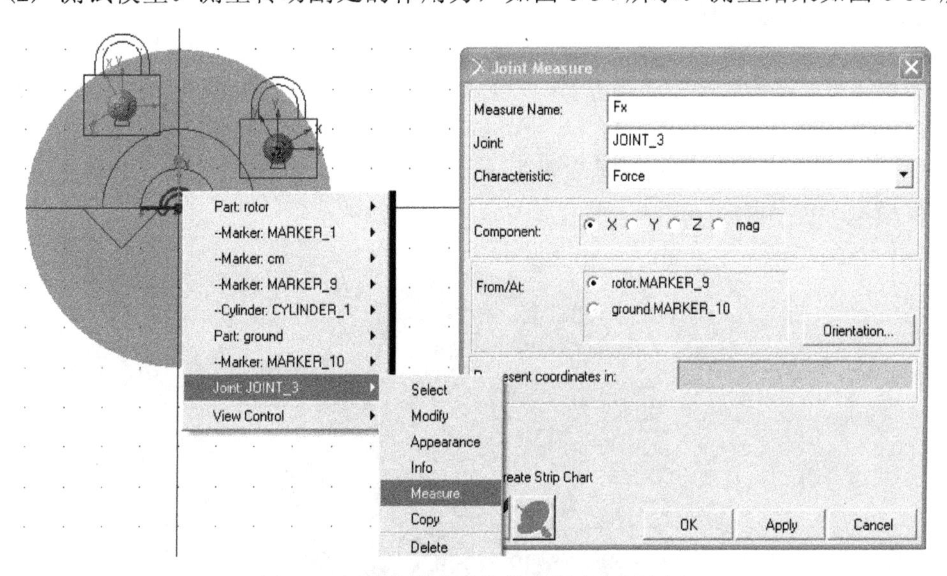

图 6-54 测量转动副处的作用力(动压力)

可以看出水平方向和铅垂方向的作用力是变化的，即有动压力存在。当将转子的角速度加大到 4πrad/s 时，转动副处的动压力呈平方倍数增加，如图 6-56 所示。

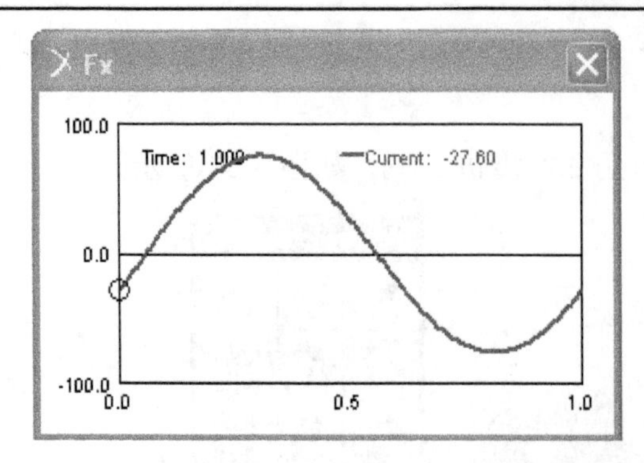

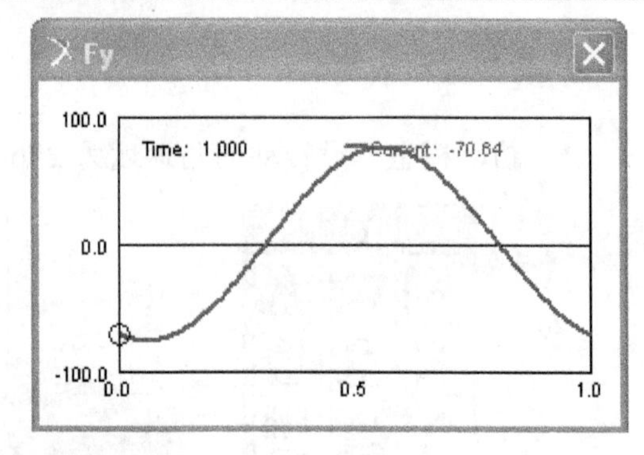

图 6-55　圆盘转子动压力测试测量结果（一）
（$\omega = 2\pi$rad/s）

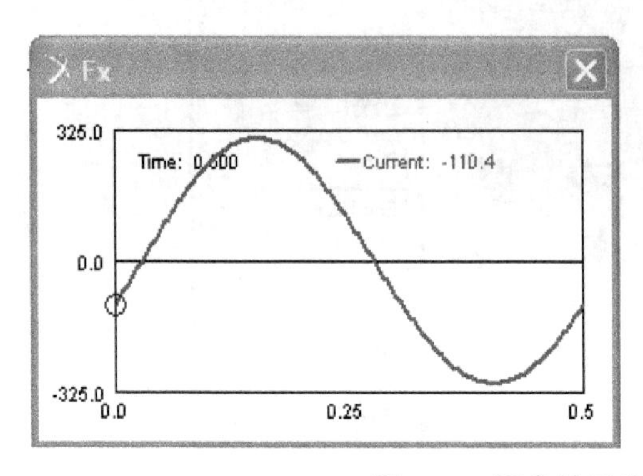

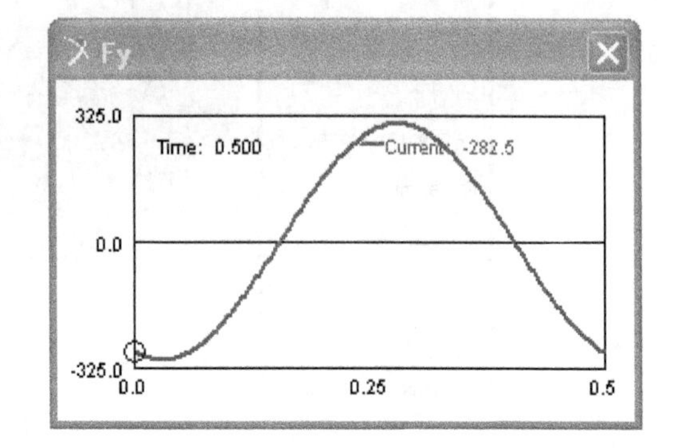

图 6-56　圆盘转子动压力测试测量结果（二）
（$\omega = 4\pi$rad/s）

3）平衡转子的虚拟样机建模

依据转子静平衡的计算方法，可以计算得到配重的质径积为 $m_b r_b = 1920.937$kg·mm，方位角为 $\theta_b = 249°$ 。

当取 $r_b = 150$mm 时，得到配重质量为 $m_b = 12.806$kg。给转子添加上该配重质量，其虚拟样机模型如图 6-57 所示。

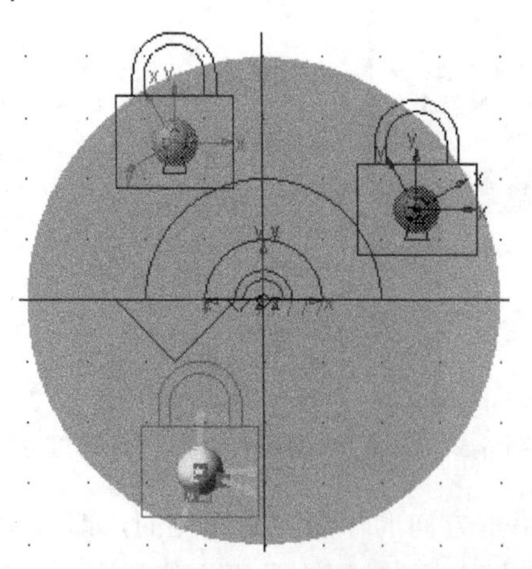

图 6-57　静平衡转子的虚拟样机模型

4）平衡转子的虚拟样机仿真与测试

以 2πrad/s 的角速度转动转子，测量转动副处的作用力，如图 6-58 中的虚线所示。可以看出在两个方向上的作用力几乎为零(之所以不为零，是 $m_b r_b$ 的计算误差引起的)，转子达到了静平衡。同样再将转子的角速度加大到 4πrad/s 时，测量转动副处的作用力，如图 6-59 中的虚线所示。

可以看出在两个方向上的作用力还是几乎为零，转子依然是静平衡的。

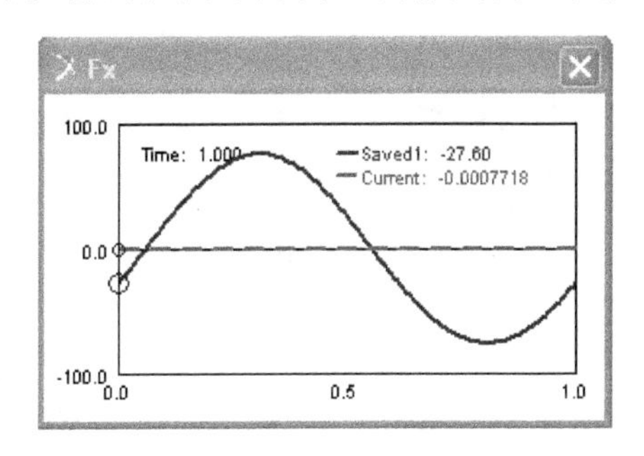

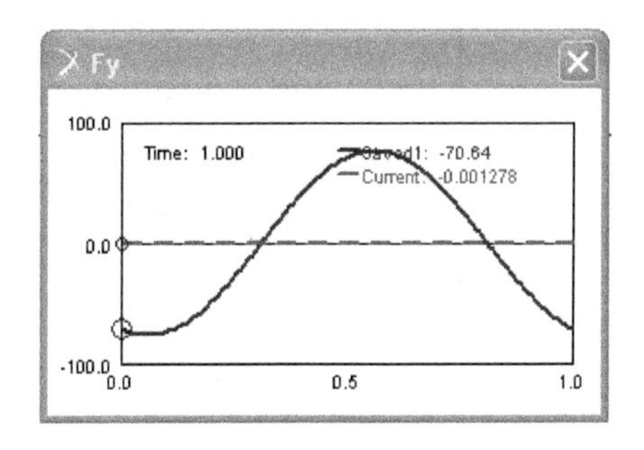

图 6-58　静平衡时动压力测试一（$\omega = 2\pi$rad/s）

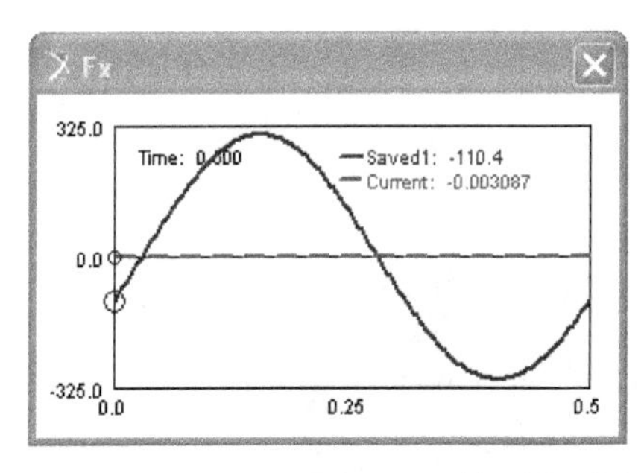

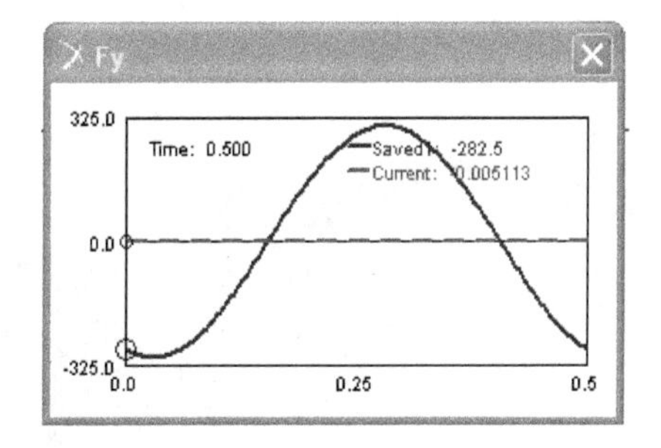

图 6-59　静平衡时动压力测试二（$\omega = 4\pi$rad/s）

实例 2　如图 6-60 所示为一圆柱形转子，三个集中质量分别分布在三个平面 1、2 和 3 内。设 $m_1 = m_2 = m_3 = 10$kg，$r_1 = r_2 = r_3 = 150$mm，$\theta_1 = 0°$，$\theta_2 = 120°$，$\theta_3 = 210°$，$l_1 = 300$mm，$l_2 = 200$mm，$l_3 = 100$mm，$L = 400$mm。

1．建立转子的虚拟样机，仿真测试转子对机座的动压力和动压力矩。

2．计算平衡质径积。

3．仿真分析动平衡后的转子对机座的动压力和动压力矩。

1）创建虚拟样机模型

(1) 创建转子，如图 6-61 所示。更名为 rotor。

(2) 添加集中质量块 m_1、m_2 和 m_3，如图 6-62 所示。

(3) 将质量块 m_1、m_2 和 m_3 与转子固连，并在转子与大地(ground)之间建立转动副，在运动副处添加运动，如图 6-63 所示。

2）仿真与测试模型

设转动的角速度为 2*pi，仿真 1s。测量转动副处转子与大地之间的动压力和动压力矩，如图 6-64 所示。

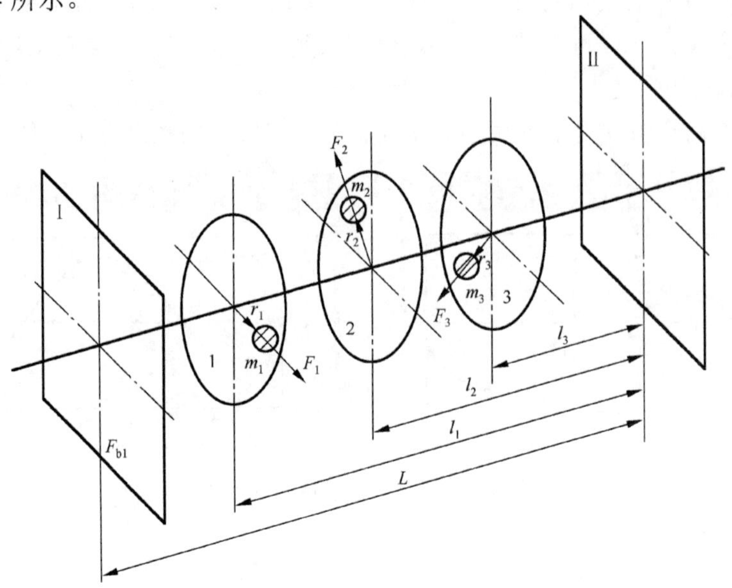

图 6-60　圆柱形转子

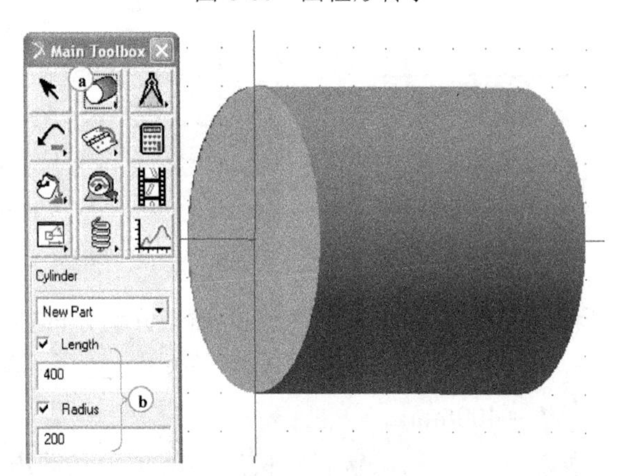

图 6-61　创建转子

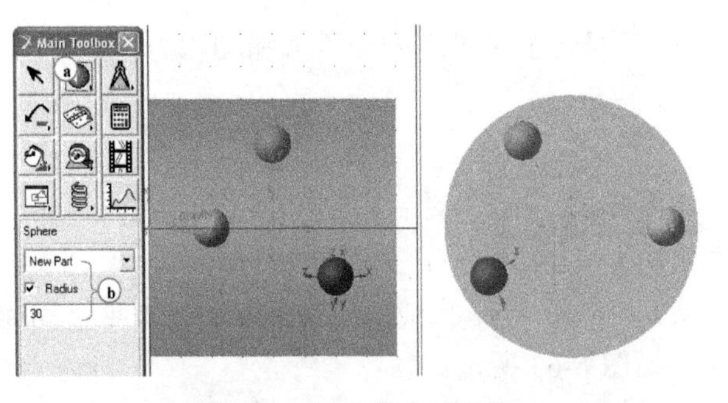

图 6-62　添加集中质量块

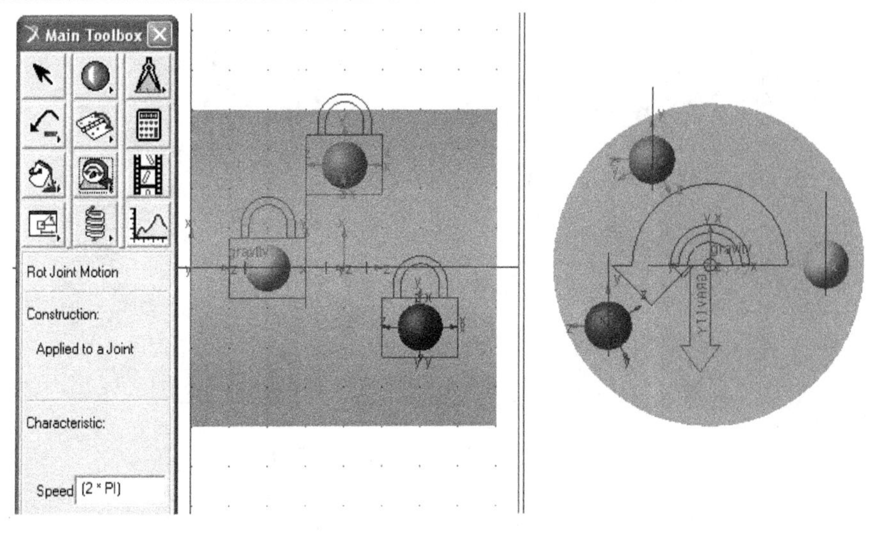

图 6-63　在运动副处添加运动

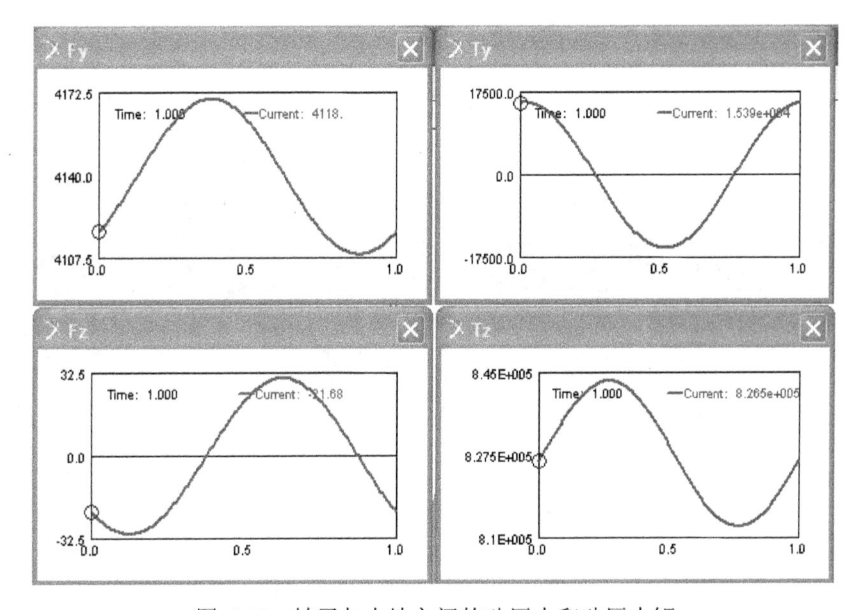

图 6-64　转子与大地之间的动压力和动压力矩

3）平衡转子的虚拟样机建模

依据转子动平衡的计算方法，取 $r_{b1} = r_{b2} = 150$mm，可以计算得到配重 1 的质量 $m_{b1} = 4.186$kg 和方位角 $\theta_{b1} = 227°$，配重 2 的质量 $m_{b2} = 6.527$kg 和方位角 $\theta_{b2} = 355°$。建立平衡转子的虚拟样机模型，如图 6-65 所示。

4）仿真与测试模型

设转动的角速度为 2*pi，仿真 1s。再测量转动副处的转子与大地之间的动压力和动压力矩，如图 6-66 所示中的虚线所示。

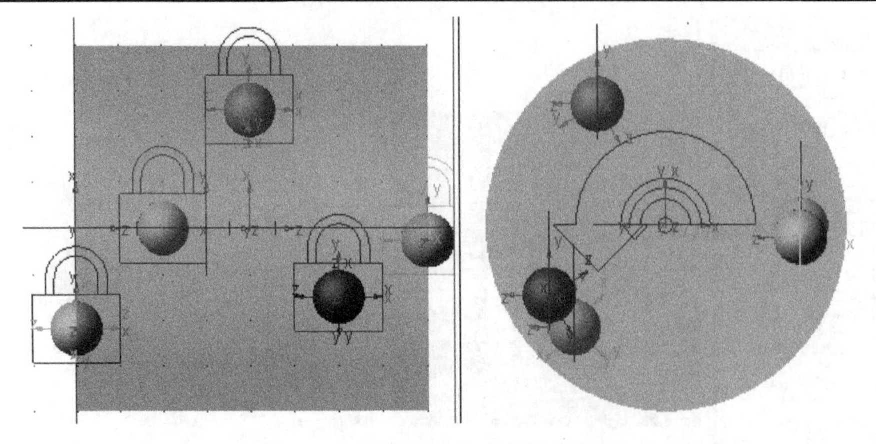

图 6-65　平衡转子的虚拟样机模型

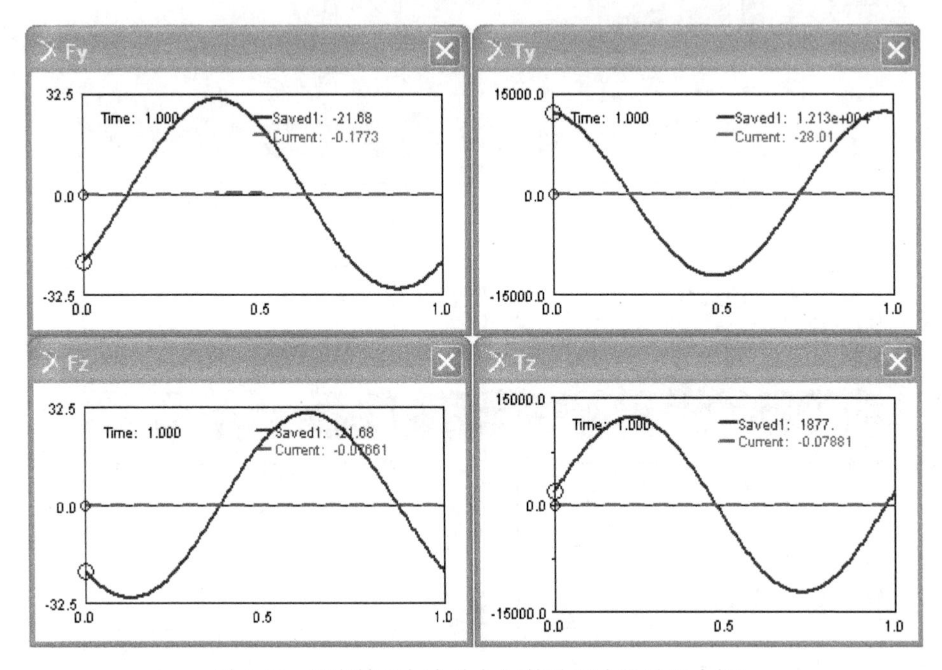

图 6-66　平衡转子与大地之间的动压力和动压力矩

可以看出，动压力和动压力矩几乎为零(图中虚线的仿真结果)，说明转子达到了动平衡，动平衡计算所得配重的质量和方位是正确的。

6.3.5　实验题目

题目 1　在如图 6-67 所示的盘形转子中，有四个偏心质量位于同一回转平面内，其大小及回转半径分别为 $m_1 = 5\text{kg}$，$m_2 = 7\text{kg}$，$m_3 = 8\text{kg}$，$m_4 = 10\text{kg}$；$r_1 = r_4 = 100\text{mm}$，$r_2 = 200\text{mm}$，$r_3 = 150\text{mm}$，方位如图所示。又设平衡质量 m_b 的回转半径 $r_b = 150\text{mm}$，试求平衡质量 m_b 的大小及方位。

应用 ADAMS，建立转子平衡前后的虚拟样机，并仿真验证平衡结果的正确性。

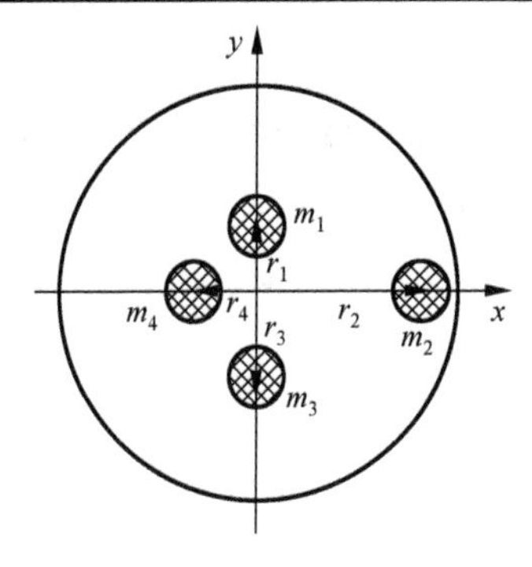

图 6-67　盘形转子

题目 2　在如图 6-68 所示的圆柱形动不平衡转子中，已知各偏心质量分别为 m_1 = 10kg，m_2 = 15kg，m_3 = 20kg，m_4 = 10kg；它们的回转半径分别为 r_1 = 400mm，r_2 = 300mm，r_3 = 200mm，r_4 = 300mm；又知各偏心质量所在的回转平面间的距离为 l_{12} = l_{23} = l_{34} = 200mm，各偏心质量间的方位如图所示。若选取平衡平面 Ⅰ、Ⅱ，所加平衡质量 $m_{bⅠ}$及 $m_{bⅡ}$的回转半径均为 400mm，试求 $m_{bⅠ}$及 $m_{bⅡ}$的大小和方位。

应用 ADAMS，建立转子平衡前后的虚拟样机，并仿真验证平衡结果的正确性。

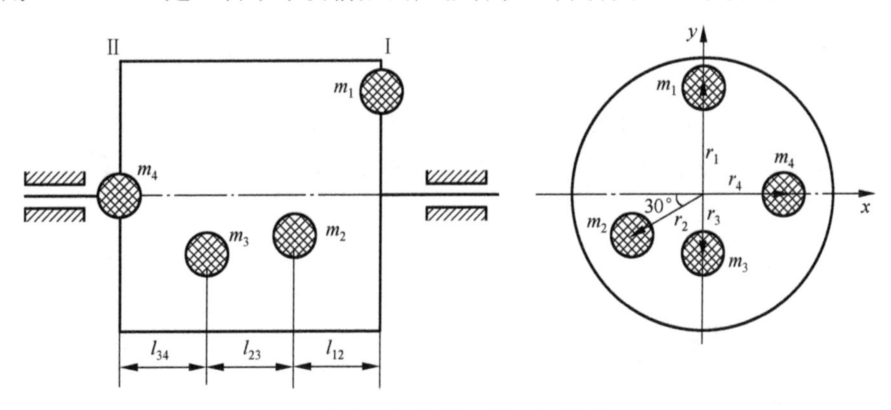

图 6-68　圆柱形动不平衡转子

题目 3　如图 6-69 所示为一刚性滚筒，在轴上装有带轮。现已测知带轮有一偏心质量 m_1 = 1kg；另外，根据滚筒的结构，存在另外两个偏心质量 m_2 = 3kg，m_3 = 4kg，它们

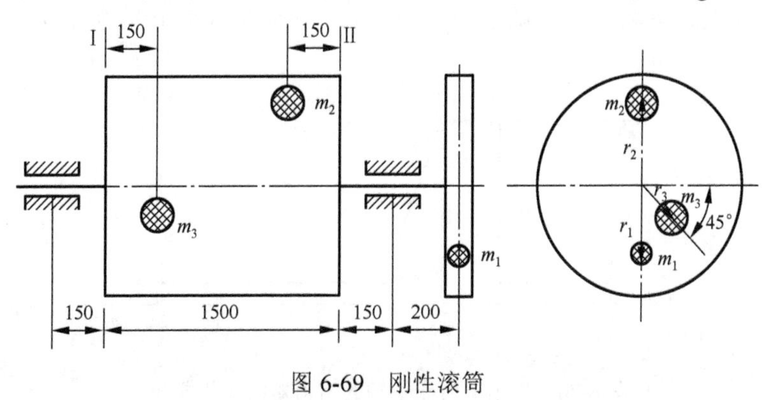

图 6-69　刚性滚筒

的回转半径分别为 $r_1 = 250\text{mm}$，$r_2 = 300\text{mm}$，$r_3 = 200\text{mm}$，各偏心质量的位置如图所示(各尺寸单位为 mm)。若将平衡平面选在滚筒的两端面Ⅰ、Ⅱ，两平衡平面中平衡质量的回转半径均取 400mm，试求两平衡质量的大小及方位。

应用 ADAMS，建立转子平衡前后的虚拟样机，并仿真验证平衡结果的正确性。

6.3.6　实验报告

参考 6.3.4 节的设计实例，独立完成所选题目的虚拟样机建模与仿真分析实验报告。

6.4　机械周期性速度波动调节的虚拟样机仿真验证

6.4.1　实验目的

1．巩固机械周期性速度波动调节原理和方法的相关知识。
2．掌握应用 ADAMS 进行机械周期性速度波动调节的虚拟样机仿真分析与验证方法。
3．培养应用先进技术解决问题的能力。

6.4.2　实验要求

1．复习有关机械周期性速度波动调节的知识。
2．了解虚拟样机技术的相关知识和 ADAMS 软件的有关知识。
3．爱护实验室环境。

6.4.3　实验设备

ADAMS2010(或其他版本)软件及其安装运行所需的硬件(计算机)。

6.4.4　实验实例

剪床电动机的输出转速为 $n_{\mathrm{m}} = 1500\text{r/min}$，驱动力矩 M_{ed} 为常数；作用于剪床主轴的阻力矩 M_{er} 的变化曲线如图 6-70 所示；机械运转的许用速度波动系数 $[\delta] = 0.05$；机械各构件的等效转动惯量忽略不计。试求安装于电动机主轴的飞轮转动惯量 J_{f}。

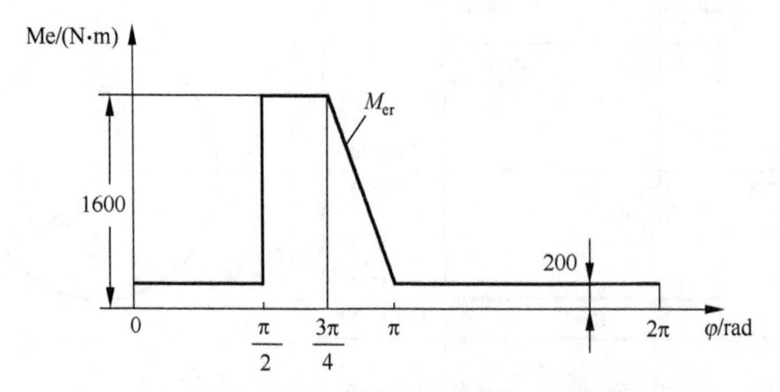

图 6-70　作用于剪床主轴的阻力矩的变化曲线

应用 ADAMS，建立等效构件的虚拟样机，并仿真验证计算所得的安装于电动机主轴的飞轮转动惯量 J_f 的正确性。

解：(1) 等效驱动力矩 M_{ed}。

等效驱动力矩 M_{ed} 所做的功等于等效阻力矩 M_{er} 所做的功，故有

$$2\pi M_{ed}=200\times 2\pi+\frac{1}{2}\left(\frac{\pi}{4}+\frac{\pi}{2}\right)\times(1600-200)$$

得：$M_{ed}=462.5\text{N}\cdot\text{m}$，如图 6-71 所示。

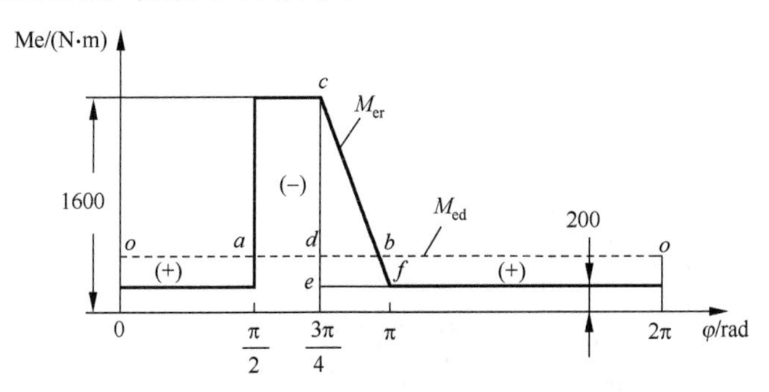

图 6-71　剪床的等效阻力矩和等效驱动力矩

(2) 最大盈亏功[W]。

$$db=\frac{cd}{ce}\times ef=\frac{1600-462.5}{1600-200}\times\frac{\pi}{4}=0.203125\pi$$

由于

盈功：
$$A_{oa}=\frac{\pi}{2}\times(462.5-200)\approx 412.33(\text{J})$$

亏功：
$$A_{ab}=\frac{1}{2}\times\left[\frac{\pi}{4}+\left(\frac{\pi}{4}+0.203125\pi\right)\right]\times(1600-462.5)\approx 1256.33(\text{J})$$

盈功：
$$A_{bo}=\frac{1}{2}\times\left[\left(\frac{5\pi}{4}-0.203125\pi\right)+\pi\right]\times(462.5-200)\approx 844.00(\text{J})$$

作动能指示图，如图 6-72 所示，可得 $[W]=A_{ab}=1256.33\text{J}$。

(3) 安装于电动机主轴的飞轮转动惯量 J_f。

$$J_f\geqslant\frac{900[W]}{[\delta]\pi^2 n_m^2}=\frac{900\times 1256.33}{0.05\times\pi^2\times 1500^2}\approx 1.018(\text{kg}\cdot\text{m}^2)$$

则安装于电动机主轴的飞轮转动惯量应至少为 $1.018\text{kg}\cdot\text{m}^2$。

1) 建虚拟样机模型

(1) 创建主轴模型，如图 6-73 所示。更名为 main_shaft。

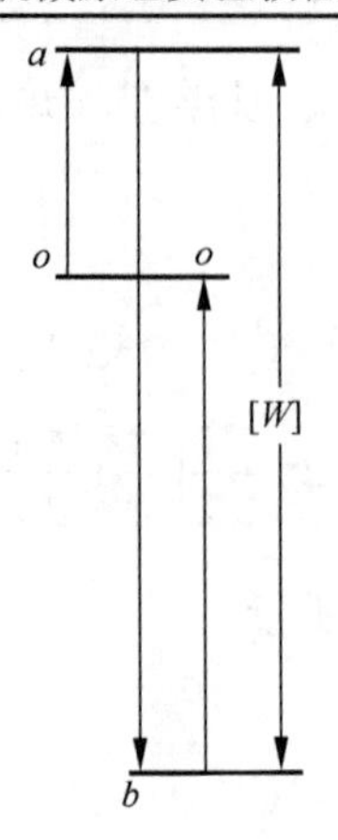

图 6-72　动能指示图

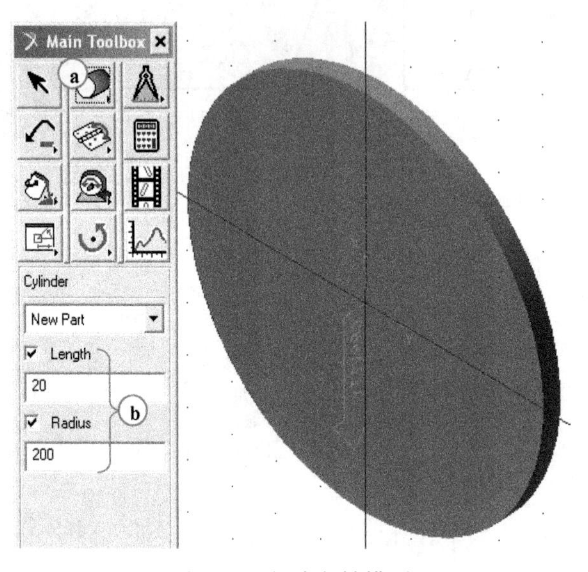

图 6-73　创建主轴模型

(2) 更改主轴的转动惯量为 1.018kg·m^2，如图 6-74 所示。

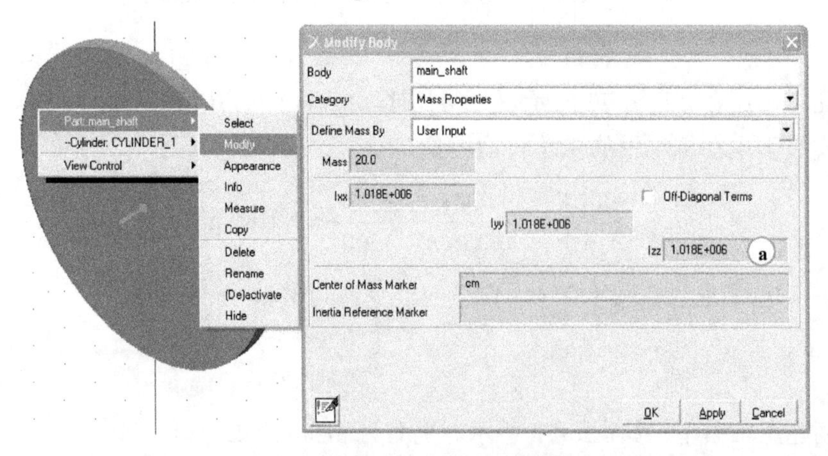

图 6-74　更改主轴的转动惯量

（3）添加转动副，如图 6-75 所示。

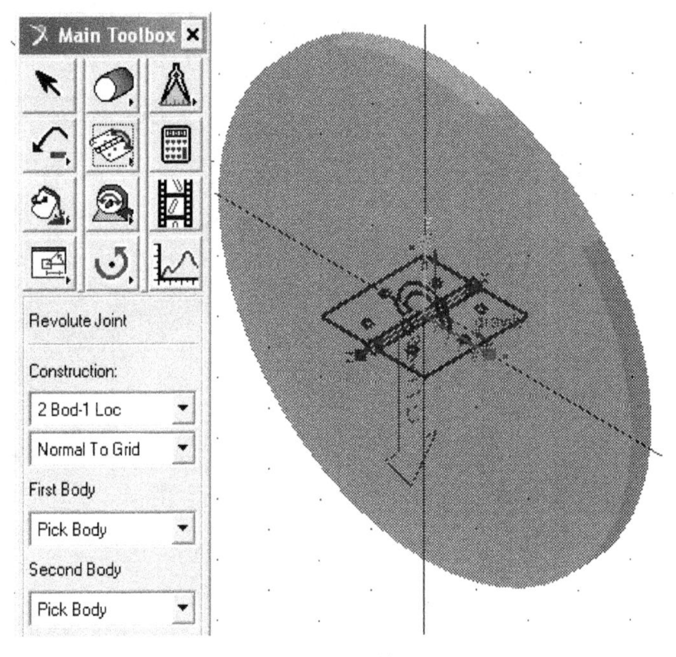

图 6-75　添加转动副

（4）添加等效驱动力矩 M_{ed}（$=462.5\times10^3$N·mm），如图 6-76 所示。

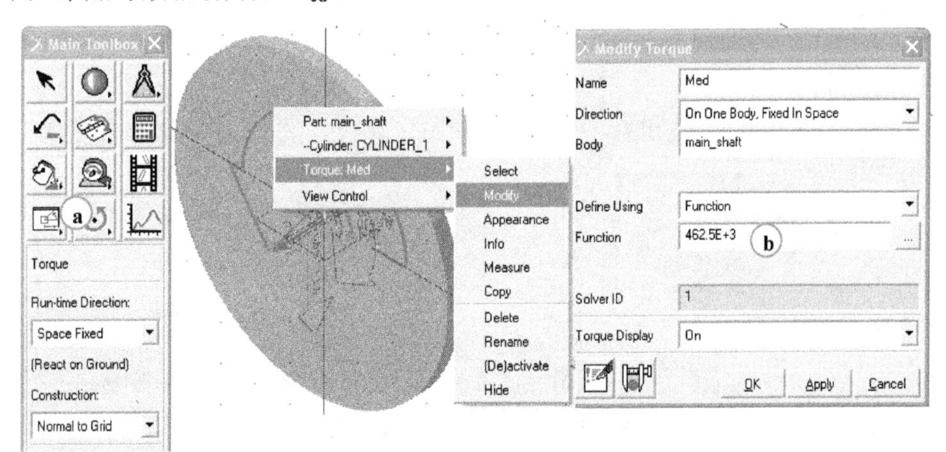

图 6-76　添加等效驱动力矩 M_{ed}

（5）添加等效阻力矩，如图 6-77 所示。

等效阻力矩为图 6-71 等效阻力矩曲线的解析式表达，用 IF 函数来描述。

IF((MEA_ANGLE-90):200E+3, 200E+3, IF((MEA_ANGLE-135):1600E+3 , 1600E+3, IF((MEA_ANGLE-180):(-5600E+3/180*MEA_ANGLE+5800E+3), 200E+3 , 200E+3)))

式中，MEA_ANGLE 为创建的主轴角度的测量。

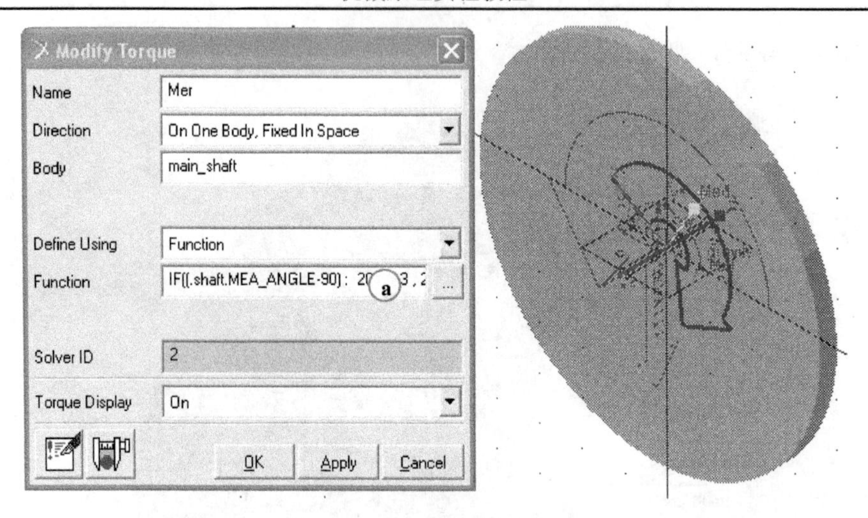

图 6-77　添加等效阻力矩 M_{er}

(6) 设置主轴的额定角速度，如图 6-78 所示。

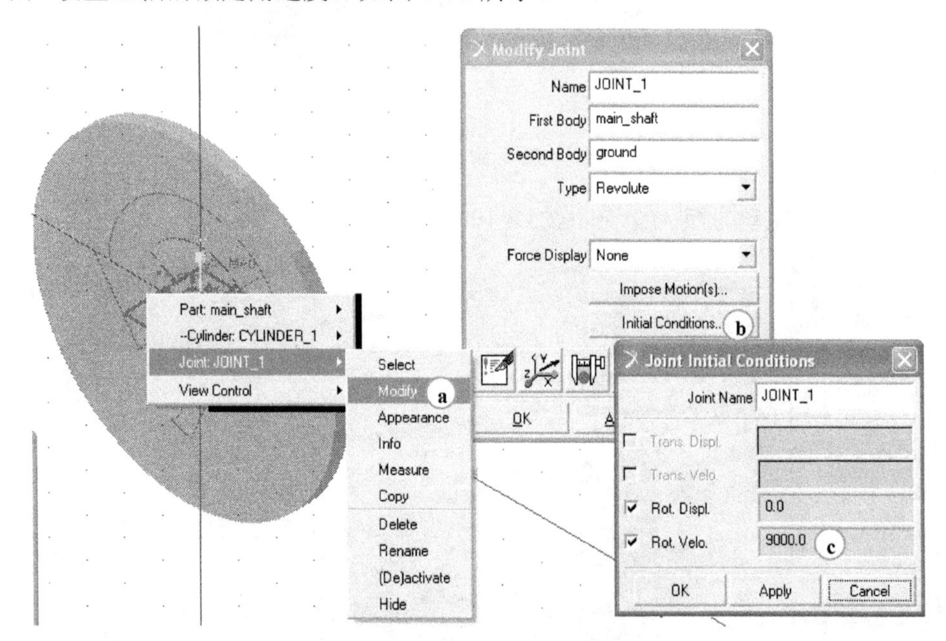

图 6-78　设定主轴额定角速度

因为电机的输出转速为 $n_m = 1500$r/min，所以对应的角速度为 9000deg/s。

2) 仿真与测试模型

仿真时间设定为 0.405s，仿真步数设定为 500。
建立主轴角速度的测量，如图 6-79 所示。
测量结果如图 6-80 所示。
图 6-80 中将角度(deg)转换成了弧度(rad)。

从如图 6-80 所示的角速度曲线中可以看出，最大角速度为 ω_{max} = 159.6296rad/s，最小角速度为 ω_{min} = 151.7252rad/s，计算得到速度波动系数为 δ = 0.05，满足对速度波动调节的要求，说明理论计算所求得的飞轮转动惯量是正确的。

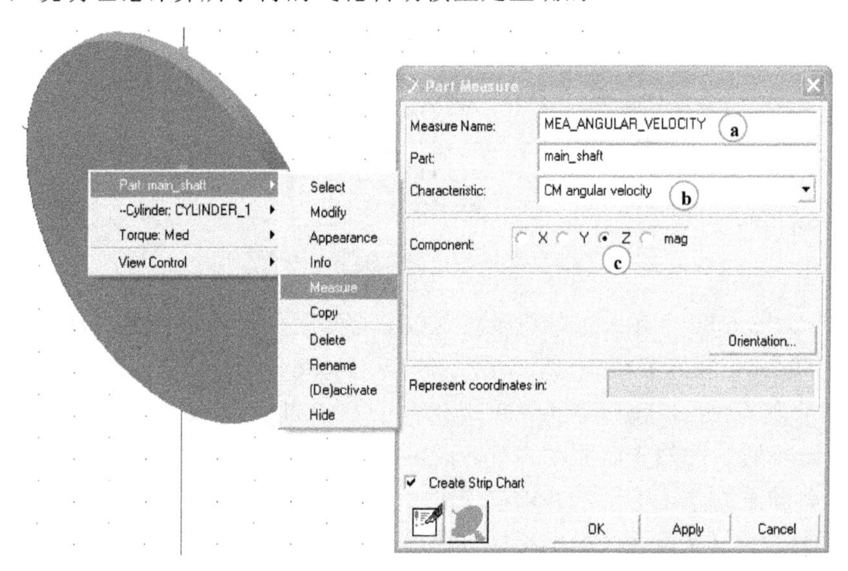

图 6-79　主轴角速度的测量

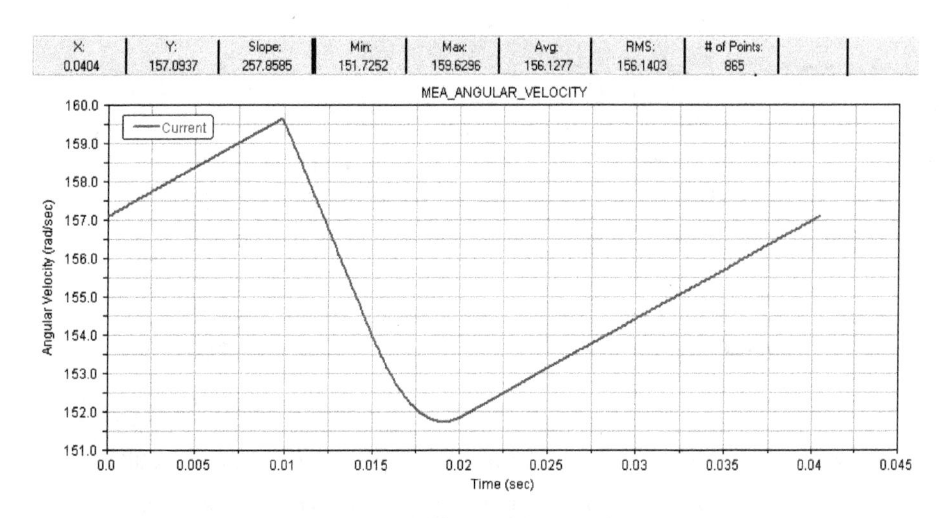

图 6-80　主轴角速度的测量结果

6.4.5　实验题目

题目 1　如图 6-81 所示，同轴线的轴 1 和轴 2 以摩擦离合器相连。轴 1 和飞轮的总质量为 100kg，回转半径 r_1 = 450mm；轴 2 和转子的总质量为 250kg，回转半径 r_2 = 625mm。在离合器接合前，轴 1 的转速为 n_1 = 100r/min，轴 2 以 n_2 = 20r/min 的速度与轴 1 同向转动。在离合器接合 3s 后，两轴达到相同的转速。设在离合器接合过程中，无外加驱动力矩和阻力矩。求：

（1）两轴接合后的公共转速 n。

（2）设在离合器接合过程中，离合器传递的转矩 M 为常数，求此转矩的大小。

应用 ADAMS 建立该系统的虚拟样机模型，仿真验证分析及计算结果的正确性。

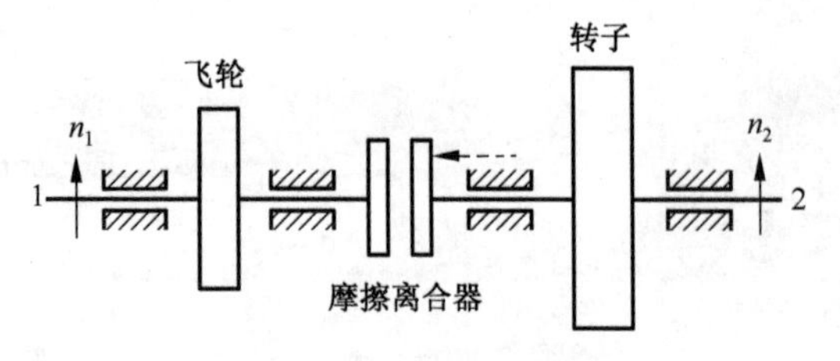

图 6-81　离合轴系

题目 2　如图 6-82 所示为卷扬机及其等效动力学模型，若重物重量为 G = 1000N，鼓轮半径 r = 0.2m，减速系统各齿轮齿数 $z_1 = 17$，$z_2 = 64$，$z_{2'} = 32$，$z_3 = 85$，各轮绕其轴心的转动惯量为 $J_1 = 0.31\text{kg·m}^2$，$J_2 = 0.3\text{kg·m}^2$，$J_{2'} = 0.2\text{kg·m}^2$，$J_3 = 1\text{kg·m}^2$。当重物下降速度为 v = 1m/s 时，突然中断驱动力矩，同时在轮 1 的轴上施加制动力矩 M_f = 40N·m，问经过多长时间重物停止不动，并求在这段时间内重物下降的高度。

应用 ADAMS 建立该系统的虚拟样机模型，仿真验证分析及计算结果的正确性。

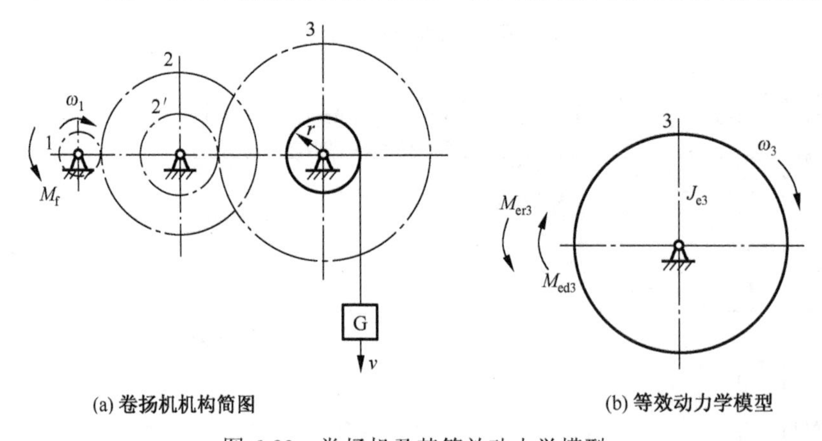

图 6-82　卷扬机及其等效动力学模型

题目 3　如图 6-83 所示，设转子质量 m = 2.75kg，转动惯量 J = 0.008kg·m^2，轴颈尺寸 d = 20mm。若转子从转速 n = 200r/min 开始按线性变化规律停机。求：

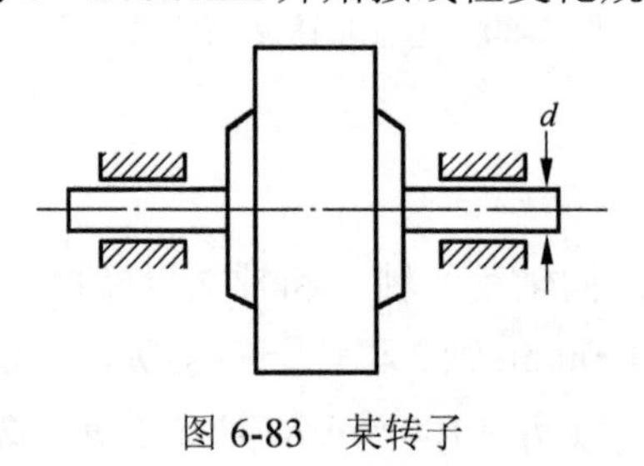

图 6-83　某转子

（1）若停机时间 t = 2s，转子轴承处的摩擦系数 f。

(2) 若将停机时间缩短至 $t = 0.5$s，除转子轴承处的摩擦力矩 M_f 外，还需要施加多大的制动力矩 M_z。

应用 ADAMS 建立该系统的虚拟样机模型，仿真验证分析及计算结果的正确性。

题目 4　如图 6-84 所示转盘驱动装置，电动机 1 的额定功率 $P_1 = 0.55$kW，额定转速 $n_1 = 1390$r/min，转动惯量 $J_1 = 0.018\text{kg}\cdot\text{m}^2$；减速器 2 的减速比 $i_2 = 35$，齿轮 3、4 的齿数 $z_3 = 20$，$z_4 = 52$，减速器 2 和齿轮传动折算到电动机轴上的等效转动惯量 $J_{e2} = 0.015\text{kg}\cdot\text{m}^2$、等效阻力矩 $M_{er1} = 0.3\text{N}\cdot\text{m}$；转盘 5 的转动惯量 $J_5 = 144\text{kg}\cdot\text{m}^2$，其上作用阻力矩 $M_{r5} = 80\text{N}\cdot\text{m}$。该装置欲采用点动(每次通电时间约 0.15s)作步进调整，问每次点动转盘 5 约转过多少度？

提示：电动机的起动转矩 $M_d \approx 2M_1$ 并近似为常数，M_1 为额定转矩。

应用 ADAMS 建立该系统的虚拟样机模型，仿真验证分析及计算结果的正确性。

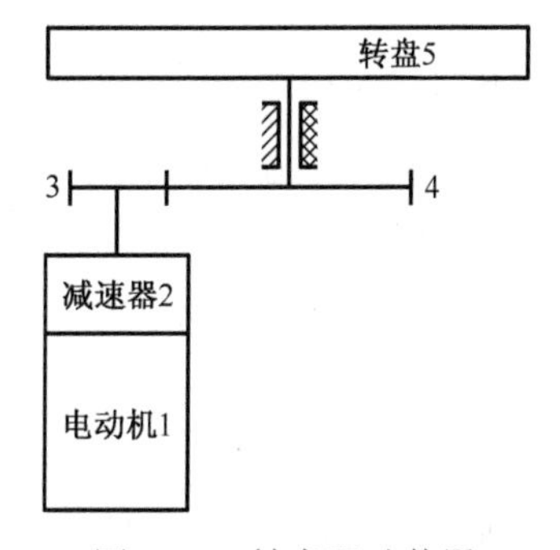

图 6-84　转盘驱动装置

题目 5　如图 6-85(a)所示为一剪床机构，作用于 1 轮轴的驱动力矩为常数，作用于 2 轮轴的阻力矩 M_2 的变化规律如图 6-85(b)所示，2 轮轴的转速 $n_2 = 60$r/min，大齿轮 2 的转动惯量 $J_2 = 29.2\text{kg}\cdot\text{m}^2$，小齿轮 1 及其他构件的质量和转动惯量忽略不计。求：

(1) 要保证速度波动系数 $\delta = 0.04$，应在 2 轮轴上安装的飞轮转动惯量 J_{f2}。

(2) 若 $z_1 = 22$，$z_2 = 85$，求将飞轮安装于 1 轮轴上时所需的转动惯量 J_{f1}。

应用 ADAMS 建立该系统的虚拟样机模型，仿真验证分析及计算结果的正确性。

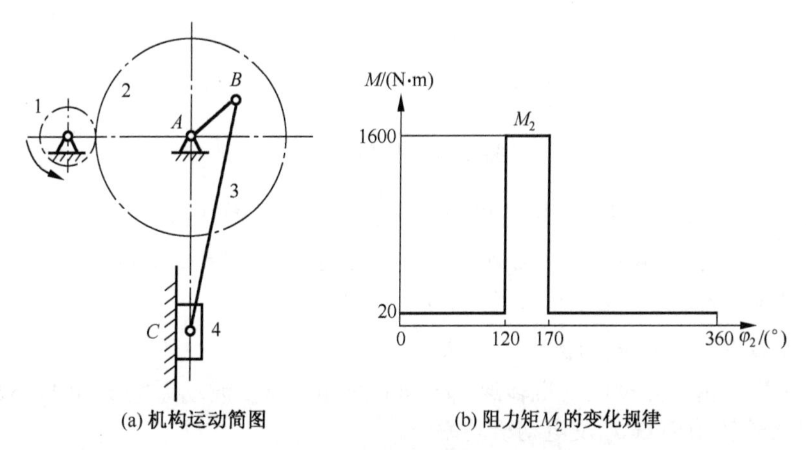

图 6-85　剪床机构及其阻力矩变化规律图

题目 6　在制造螺栓、螺钉的双击冷压自动镦头机中，若仅考虑有效阻力，主动轴上的等效阻力矩变化如图 6-86 所示，等效驱动力矩为常数，机器所有运动构件的等效转动惯量 $J_e = 1\text{kg·m}^2$；机器的运转可认为是稳定运转，主动轴的平均转速 n_m = 160r/min。若要求实际转速不超过平均转速的±0.05，试确定飞轮的转动惯量 J_f。

应用 ADAMS 建立该系统的虚拟样机模型，仿真验证分析及计算结果的正确性。

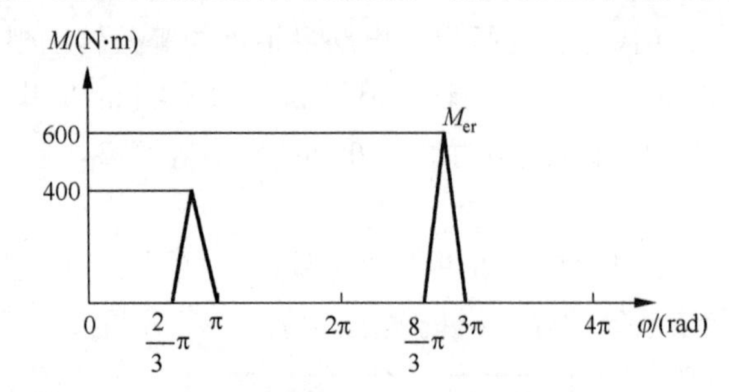

图 6-86　双击冷压自动镦头机主轴上的等效阻力矩变化图

题目 7　如图 6-87 所示为一刨床机构，刨床在空回行程和工作行程所消耗的功率分别为 P_1 = 0.3677kW、P_2 = 3.677kW，空回行程对应的曲柄 AB 转角 θ = 120°。若曲柄 AB 的平均转速 n_m = 100r/min，速度波动系数 δ = 0.05，各构件的质量和转动惯量忽略不计，求：

（1）电动机的平均功率。

（2）安装到主轴 A 上的飞轮转动惯量 J_{fA}。

（3）若将飞轮安装到电动机轴上，电动机的额定转速 n = 1450r/min，电动机通过减速器驱动曲柄 AB，减速器的转动惯量也忽略不计，则飞轮转动惯量 J_f 需多大。

应用 ADAMS 建立该系统的虚拟样机模型，仿真验证分析和计算结果的正确性。

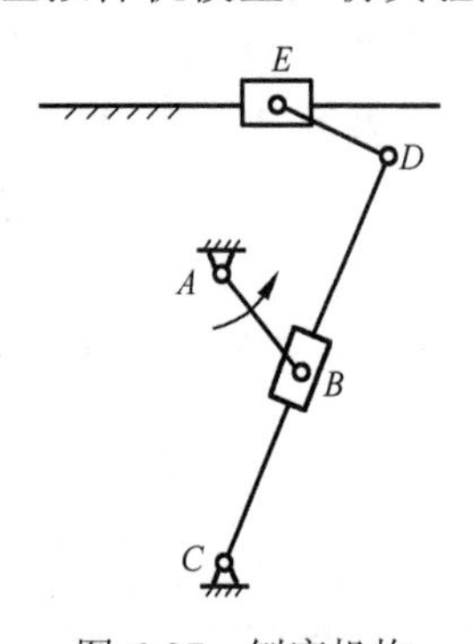

图 6-87　刨床机构

题目 8　如图 6-88 所示，由电动机经减速装置而驱动的冲床，每分钟冲孔 20 个，且冲孔时间为运转周期的 1/6；冲孔力 $F = \pi dhG$，冲孔直径 d = 20mm，钢板材料为 Q235 的剪切弹性模数 $G = 3.1\times10^8\text{N/m}^2$，板厚 h = 13mm。

（1）求不安装飞轮时电动机所需的功率。

（2）若安装飞轮，并设电动机转速 n_d = 900r/min，速度波动系数 δ = 0.1，求在电动机轴上安装的飞轮转动惯量 J_f 及电动机功率 P。

应用 ADAMS 建立该系统的虚拟样机模型，仿真验证分析及计算结果的正确性。

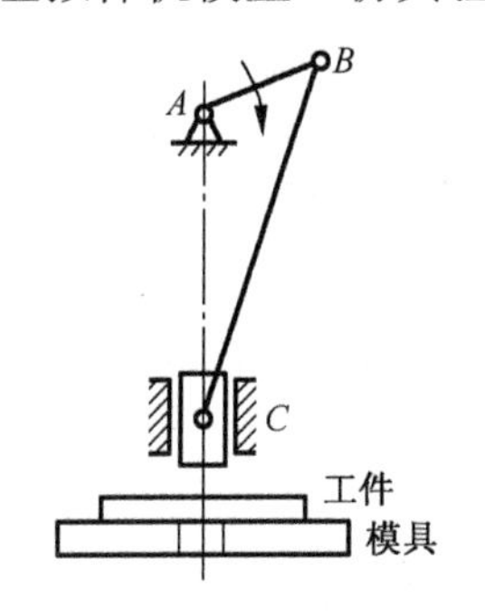

图 6-88　冲床及其剪切力图

6.4.6　实验报告

参考 6.4.4 节的设计实例，独立完成所选题目的虚拟样机建模与仿真分析实验报告。

第 7 章　机构的设计与物理样机制作

本章主要介绍连杆机构、凸轮机构和齿轮机构的设计与物理样机制作过程。目的是锻炼学生解决实际问题的能力和动手实践制作的能力。

7.1　连杆机构的设计与物理样机制作

7.1.1　实验目的

1．巩固连杆机构设计的有关知识。

2．了解和熟练使用一些常用的小型加工设备。

3．锻炼动手制作和实践能力。

7.1.2　实验要求

1．复习有关连杆机构设计的知识。

2．了解实验设备的使用规定和安全事项。

3．实验加工制作过程中，注意安全。

7.1.3　实验设备

1．基本加工机械设备：车床(图 7-1 和图 7-2)、铣床(图 7-3～图 7-5)、钻床(图 7-6)、锯床(图 7-7)和磨床(图 7-8)。

2．制作平台：机械划线及机械装配工作台(图 7-9)。

3．常用的工具：台虎钳(图 7-10)。

图 7-1　小型车床

图 7-2　实用型车床

图 7-3　小型立式铣床

图 7-4　小型卧式铣床

图 7-5　实用型铣床

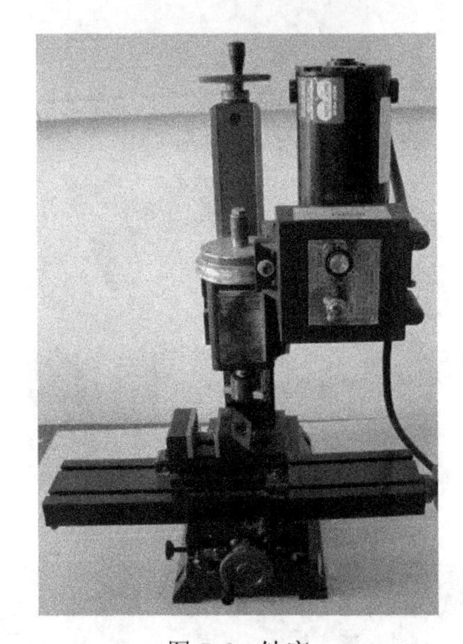

图 7-6　钻床

图 7-7　小型锯床

图 7-8　小型磨床

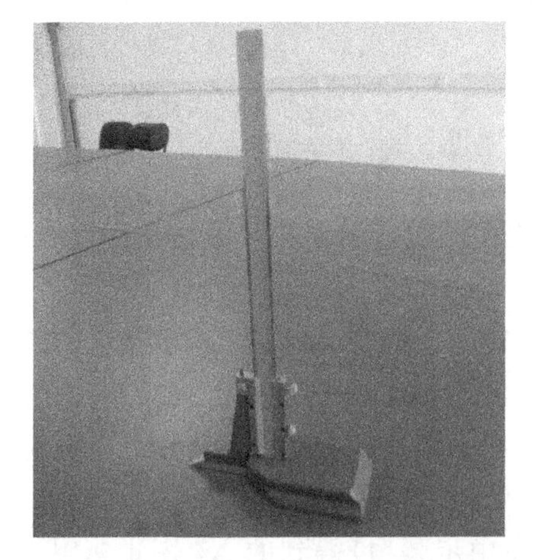

图 7-9　机械划线及机械装配工作台

图 7-10　台虎钳

7.1.4　实验方法

题目 1　刚体引导机构设计

设计一个铰链四杆的刚体引导机构。该铰链四杆机构的设计要求如图 7-11 所示。图中示出了铰链四杆机构的固定铰链 A、D 的位置和连杆 BC 参考图形的三个位置。

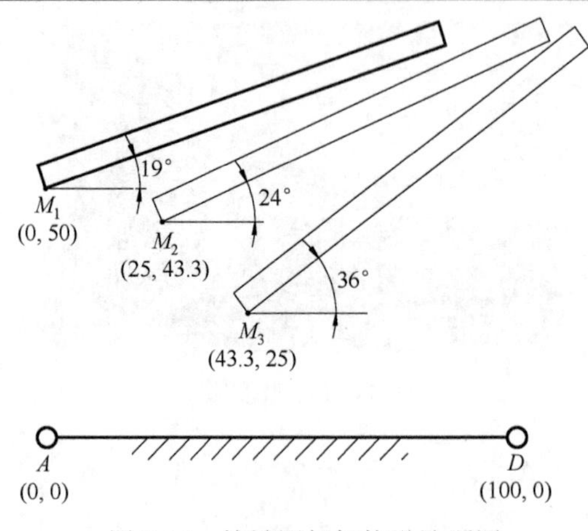

图 7-11　铰链四杆机构设计题图

实验要求：

(1) 将如图 7-11 所示机构的设计条件和要求按长度比例尺 μ_l = 0.001m/mm 画在 A4 纸上；

(2) 应用图解法设计铰链四杆机构 *ABCD*，求出活动铰链 *B* 和 *C* 的位置；

(3) 从设计图中测量得出各构件的长度 l_{AB}、l_{BC}、l_{CD}、l_{AD}；

(4) 应用加工设备加工出各构件，并装配出刚体引导机构的物理样机模型(即铰链四杆机构 *ABCD*)，如图 7-12 所示；

(5) 将机构 *ABCD* 放在由步骤(1)得到的 A4 图上，用手驱动机构运动，检验设计结果的正确性；

(6) 编写实验报告。

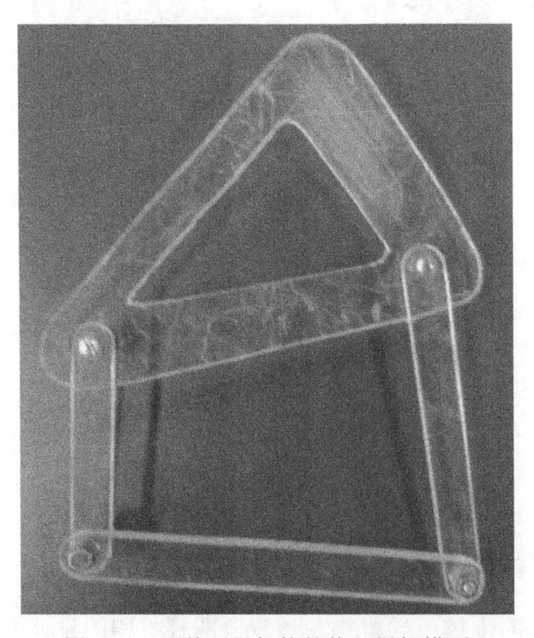

图 7-12　刚体引导机构的物理样机模型

题目 2　直线机构设计

直线机构从 18 世纪的 James Watt 时代就已被人们所熟知并得到应用。Watt、Roberts、Chebyschev、Peaucellier、Kempe、Evans 和 Hoeken 等在一两个世纪前就研制出或发明了近似直线运动机构或精确直线运动机构，今天这些机构都与他们的名字紧紧联系在一起。

近似直线运动机构在机构学史中占有非常特殊的位置，源于 18 世纪 James Watt 在制造蒸汽机中的大冲程活塞导向装置所产生的需求。当时还没有高精度的导向手段，这促使 Watt 发明了一种基于铰链四杆机构的近似直线运动机构，如图 7-13(a)所示。而后，Richard Roberts(1789～1864 年)发明了 Roberts 机构，如图 7-13(b)所示。同 Watt 机构一样也是一个双摇杆机构。Chebyschev(1821～1894 年)设计了一个双摇杆机构，如图 7-13(c)所示。而 Hoeken 机构则是一个更为典型的曲柄摇杆直线机构，如图 7-13(d)所示。Hoeken 机构有一个特点：它沿其直线中心部分的运动速度几乎不变。

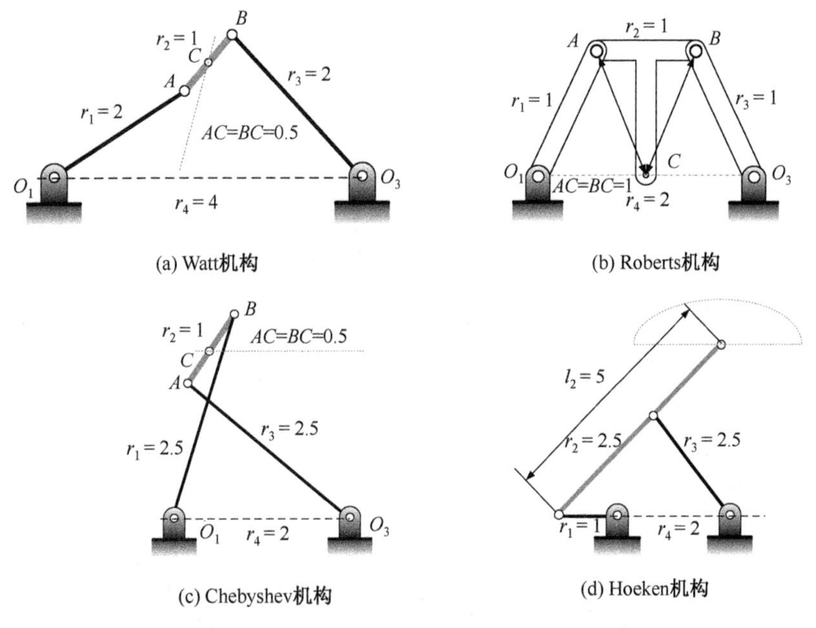

图 7-13　4 种铰链四杆型近似直线机构

需要指出的是，要用仅含转动副的四杆机构生成精确直线是不可能的，而需要多于 4 个构件的机构。即至少需要六杆七副的六杆机构(如 Watt 型或 Stephenson 型六杆机构)。

典型的精确直线运动机构主要有两种：Peaucellier 精确直线机构和 Scott-Russell 精确直线机构。

法国军官波塞利(Peaucellier)于 1864 年发明了一种八杆 10 个转动副的精确直线机构，具体如图 7-14 所示。已知 $OA = OB = a$，$AP = BP = BQ = AQ = b$，$OC = PC = c$，O、C 为固定铰链点，则点 Q 的运动轨迹为一条定直线。

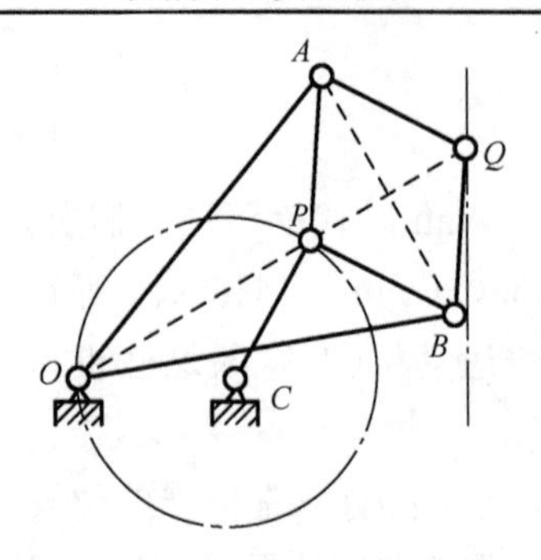

图 7-14　Peaucellier 直线机构

如图 7-15 所示的 Scott-Russell 精确直线机构为一个过约束机构，去掉 B 或 C 处的移动副及滑块本身，都不会影响该机构的运动。该机构作为发生器，是最合适的椭圆仪机构。因为该机构的构件上除 B、C 和 A 三点之外的任一点的轨迹都为椭圆。

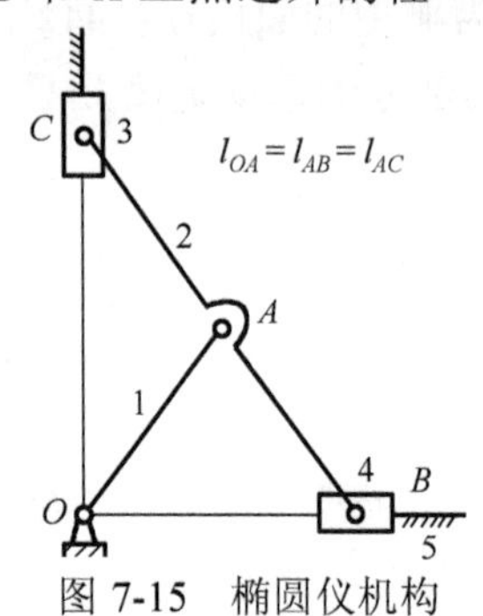

图 7-15　椭圆仪机构

除此之外，还有一些六杆机构可以实现精确直线运动，如图 7-16 所示的 Hart 第一、第二精确直线机构和 Bricard 精确直线机构。

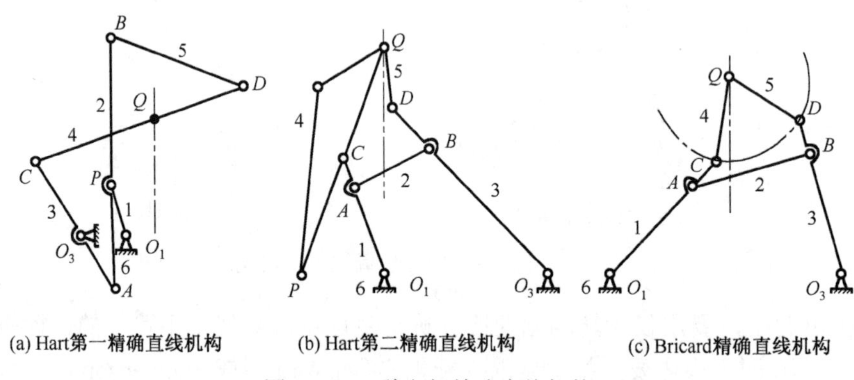

图 7-16　3 种六杆精确直线机构

实验要求：

（1）选取其中一种直线机构，设定或求出各构件的尺寸；

（2）制作该直线机构的物理样机模型；

（3）通过物理样机模型的运动，验证所设计的机构上某点的运动轨迹为直线；

（4）撰写实验报告。

题目 3　仿图仪机构设计

仿图仪机构是指在其他处可精确复制某一参考点轨迹的一类机构，通常情况下，点轨迹的大小比例发生改变。因此仿图仪机构又称为路径跟随机构。

图 7-17(a)给出了几种典型的仿图仪机构，其中图 7-17(a)和(b)为基本型。

图 7-17(a)所示机构中各杆件的长度关系为 $l_{AC}/l_{CF} = l_{AB}/l_{BE} = l_{ED}/l_{DF}$，*BCDE* 为平行四边形运动链。点 *A*、*E* 和 *F* 位于一条直线上。图 7-17(d)所示机构左右对称，*C*、*E* 处为移动副，*BCDE* 组成四边长度相等的平行四边形。图 7-17(f)所示机构为一个 Sylvester 仿图仪，*ABCD* 为平行四边形，$\triangle BGC \cong \triangle DCE$，则点 *E* 输入的轨迹和点 *G* 输出的轨迹相似，*FE* 和 *OG* 延长线的夹角 $=\angle GAE= \angle CDE= \angle GBC$，$l_{FE}/l_{OG} = l_{AE}/l_{AG} = l_{DE}/l_{DC}$。

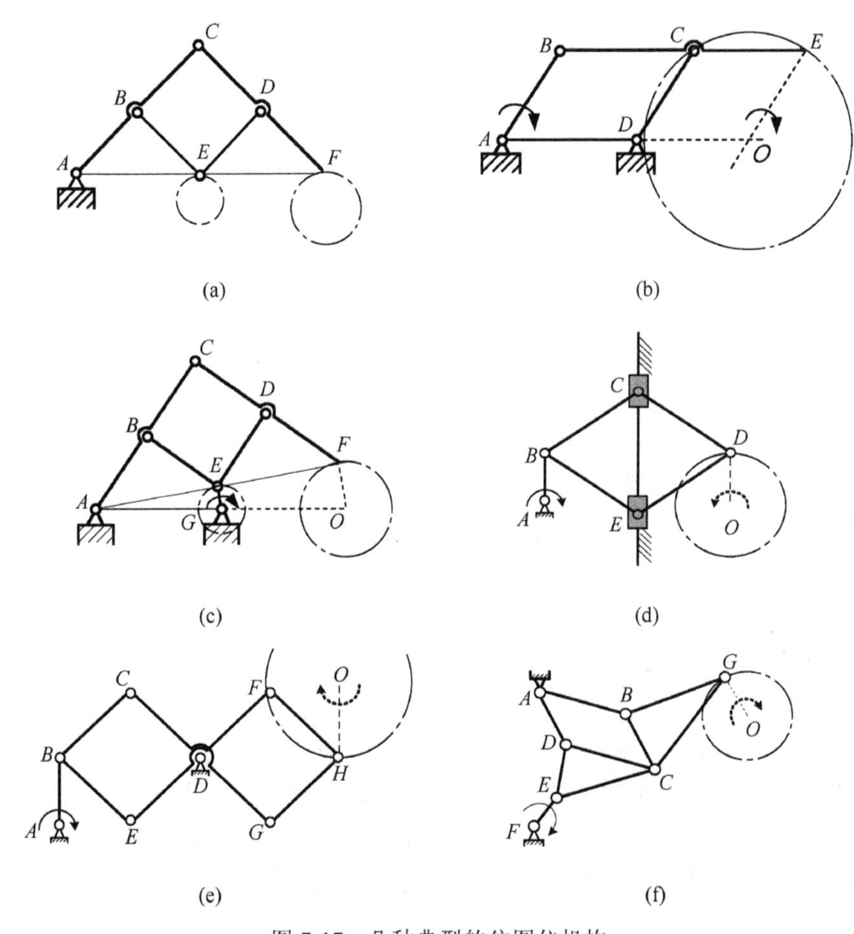

图 7-17　几种典型的仿图仪机构

实验要求：

(1) 选取其中的一种仿图仪机构，设定或求出各构件的尺寸；

(2) 制作该仿图仪机构的物理样机模型，如图 7-18 所示；

(3) 通过物理样机模型的运动，验证所设计的机构具有仿图仪机构的特点；

(4) 撰写实验报告。

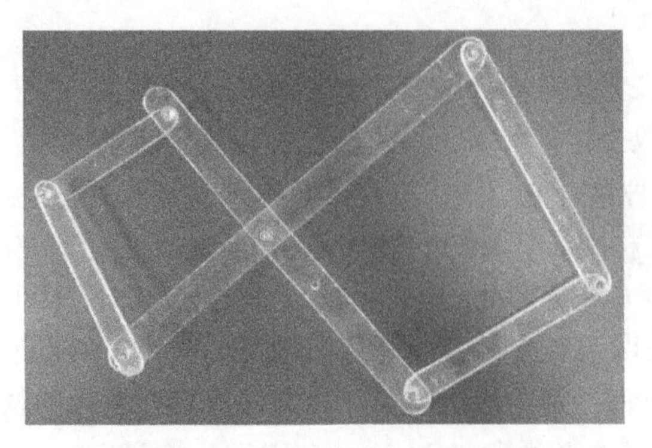

图 7-18 仿图仪机构的物理样机模型

7.1.5 实验报告

连杆机构设计与制作实验报告

实验名称						指导教师签字
班级		姓名		日期		

1．机构设计与制作的题目及其要求。

2．机构的设计过程及其结果。

3．机构物理样机制作过程与结果（建议配以照片来说明）。

4．通过运动机构物理样机模型，对机构的运动情况作出分析和评价。

(1) 各杆、副是否发生干涉；

(2) 有无“别劲”现象；

(3) 输入转动的原动件是否曲柄；

(4) 输出杆件是否具有急回特性；

(5) 机构的运动是否连续；

(6) 最小传动角(或最大压力角)是否超过其许用值，是否在非工作行程中。

(7) 机构是否灵活、可靠地按照设计要求运动到位。

5．分析物理样机或模型的运动特性，测量运动结果来验证机构设计结果的正确性。

6．比较理论分析和物理样机测量的运动结果，分析误差产生的原因。

7．对机构的物理样机进行评价分析，提出改进意见和建议。

7.2 凸轮机构的设计与物理样机制作

7.2.1 实验目的

1．巩固凸轮机构设计的有关知识。

2．了解和熟练使用一些常用的小型加工设备(如图 7-1～图 7-10 所示的加工设备)。

3．锻炼动手制作和实践能力。

7.2.2　实验要求

1．复习有关凸轮机构设计的知识。

2．了解实验设备的使用规定和安全事项。

3．实验加工制作过程中，注意安全。

7.2.3　实验设备

同 7.1.3 节。

7.2.4　实验方法

题目：凸轮机构设计。

如图 7-19 所示，已知凸轮基圆半径 $r_b = 40\text{mm}$，滚子半径 $r_r = 7.5\text{mm}$，偏心距 $e = 5\text{mm}$，凸轮顺时针方向转动，如图 7-19(a)所示。直动从动推杆的运动规律如图 7-19(b)所示，行程 $h = 15\text{mm}$。

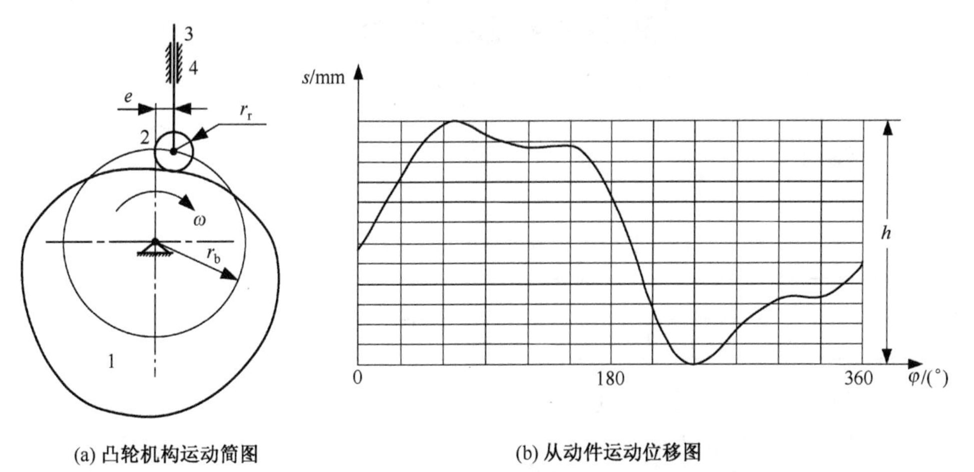

(a) 凸轮机构运动简图　　(b) 从动件运动位移图

图 7-19　凸轮机构运动简图及其运动规律

实验要求：

(1) 应用图解法按长度比例尺$\mu_l = 0.001\text{m/mm}$ 在凸轮板上设计凸轮廓线；

(2) 在铣床上加工出所设计的凸轮；

(3) 设计并加工出直动从动件(小滚子用滚动轴承代替)；

(4) 将加工出的凸轮和从动件安装到机架上，如图 7-20 所示；

(5) 运动凸轮机构，测试出从动件的运动规律；

(6) 对比分析所测从动件位移线图与给定的位移线图的差别；

(7) 撰写实验报告。

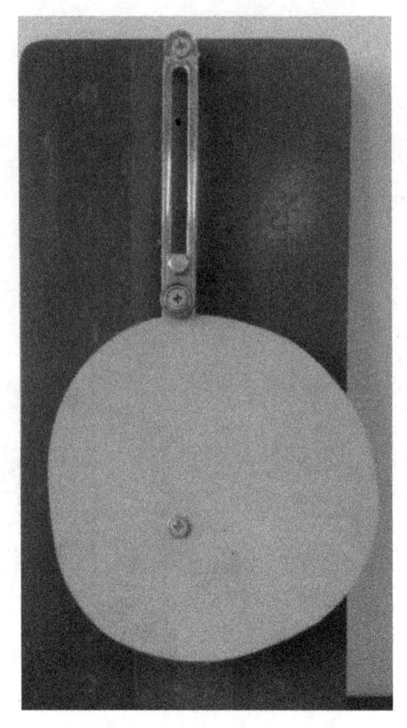

图 7-20　凸轮机构物理样机模型

7.2.5　实验报告

凸轮机构设计与制作实验报告

实验名称						指导教师签字
班级		姓名		日期		

1．机构设计与制作的题目及其要求。

2．机构的设计过程及其结果。

3．机构物理样机制作过程与结果(建议配以照片来说明)。

4．通过运动机构物理样机模型，对机构的运动情况作出分析和评价。

(1) 各杆、副是否发生干涉；

(2) 有无“别劲”现象；

(3) 机构是否灵活、可靠地按照设计要求运动到位。

5．分析物理样机或模型的运动特性，测量运动结果来验证机构设计结果的正确性。

6．比较理论分析和物理样机测量的运动结果，分析误差产生的原因。

7．对机构的物理样机进行评价分析，提出改进意见和建议。

7.3　齿轮机构的设计与物理样机制作

7.3.1　实验目的

1．巩固齿轮机构设计的有关知识。

2．了解和熟练使用一些常用的小型加工设备(如图 7-1～图 7-10 所示的加工设备)。

3．锻炼动手制作和实践能力。

7.3.2　实验要求

1．复习有关齿轮机构设计的知识。

2．了解实验设备的使用规定和安全事项。

3．实验加工制作过程中，注意安全。

7.3.3　实验设备

同 7.1.3 节。

7.3.4　实验方法

设计加工的齿轮机构参数：模数 $m = 0.5\text{mm}$，压力角 $\alpha = 20^\circ$，小齿轮的齿数 $z_1 = 18$，标准中心距 $a = 9.5\text{mm}$，正常齿制。

实验要求：

(1) 设计计算这对齿轮机构齿轮的几何尺寸；

(2) 设计齿轮(齿轮轴)的结构，绘出设计图纸；

(3) 加工出各个齿轮(齿轮轴)；

(4) 按标准中心距 $a = 9.5\text{mm}$ 将齿轮轴安装到机架上，运转机构，检查齿轮机构的运转状况，感受是否存在齿侧间隙；

(5) 将齿轮的中心调整为 $a' = 10\text{mm}$，运转机构，检查齿轮机构的运转状况，感受是否存在齿侧间隙；

(6) 撰写实验报告。

7.3.5　实验报告

齿轮机构设计与制作实验报告

实验名称						指导教师签字
班级		姓名		日期		

1．机构设计与制作的题目及其要求。

2．机构的设计过程及其结果。

3．机构物理样机制作过程与结果(建议配以照片来说明)。

4．通过运动机构物理样机模型，对机构的运动情况作出分析和评价。

(1) 各杆、副是否发生干涉；

(2) 有无“别劲”现象；

(3) 机构的运动是否连续；

(4) 机构是否灵活、可靠地按照设计要求运动到位。

5．分析物理样机或模型的运动特性，测量运动结果来验证机构设计结果的正确性。

6．比较理论分析和物理样机测量的运动结果，分析误差产生的原因。

7．对机构的物理样机进行评价分析，提出改进意见和建议。

参考文献

郭卫东. 2008. 虚拟样机技术与 ADAMS 应用实例教程. 北京：北京航空航天大学出版社

郭卫东. 2013. 机械原理. 2 版. 北京：科学出版社

郭卫东. 2013. ADAMS 的教学探索与实践. 计算机辅助工程, (增刊): 439-444

郭卫东. 2013. 经典理论与先进技术相融合的机械原理教学研究与实践. 高等工程教育研究, (增刊): 37-38

郭卫东, 李晓利, 于靖军. 2013. 机械速度波动调节实验的设计与实践. 实验技术与管理, (10): 145-147, 151

教育部高等学校机械基础课程教学指导分委员会. 2012. 高等学校机基础系列课程现状调查分析报告暨机械基础系列课程教学基本要求. 北京：高等教育出版社

李安生, 杜文辽, 朱红瑜. 2011. 机械原理实验教程. 北京：机械工业出版社

李晓利, 郭卫东, 于靖军. 2013. 凸轮机构设计实验的改革与实践. 高等工程教育研究, (增刊): 203-204

卢存光, 谢进, 罗亚林. 2007. 机械原理实验教程. 成都：西南交通大学出版社

潘凤章. 2006. 机械原理与机械设计实验教程. 天津：天津大学出版社

石永刚. 2007. 凸轮机构设计与应用创新. 北京：机械工业出版社

王旭. 2006. 机械原理实验教程. 济南：山东大学出版社

杨洋. 2008. 机械设计基础实验教程. 北京：高等教育出版社

于靖军. 2013. 机械原理. 北京：机械工业出版社

张晓玲. 2008. 机械原理课程设计指导. 北京：北京航空航天大学出版社